青立方之光

全国BIM技能等级考试系列教材·考试必备

Revit 2016/2017
应用指南

主　编　薛　菁

副主编　吴福城　路小娟　薛少博

编　委　安先强　何亚萍　桑　海　高锦毅　王长坤　刘　谦
　　　　孙一豪　刘　鑫　鲜立勃　姚　鸿　赵　昂　程耀东
　　　　陈时雨　邢　鑫　薛少锋　马　柯　王亚平　王丽娟
　　　　张　斌　黄丹钿　李敬元

西安交通大学出版社
XI'AN JIAOTONG UNIVERSITY PRESS

图书在版编目(CIP)数据

Revit 2016/2017 应用指南/薛菁主编. —西安：
西安交通大学出版社,2017.4(2018.6 重印)
ISBN 978 - 7 - 5605 - 9634 - 1

Ⅰ.①R… Ⅱ.①薛… Ⅲ.①建筑设计-计算机
辅助设计-应用软件-指南 Ⅳ.①TU201.4 - 62

中国版本图书馆 CIP 数据核字(2017)第 091503 号

书　名	Revit 2016/2017 应用指南
主　编	薛　菁
责任编辑	史菲菲

出版发行	西安交通大学出版社
	(西安市兴庆南路 10 号　邮政编码 710049)
网　址	http://www.xjtupress.com
电　话	(029)82668357　82667874(发行中心)
	(029)82668315(总编办)
传　真	(029)82668280
印　刷	陕西金德佳印务有限公司

开　本	787mm×1092mm　1/16　印张 9　字数 209 千字
版次印次	2017 年 6 月第 1 版　2018 年 6 月第 2 次印刷
书　号	ISBN 978 - 7 - 5605 - 9634 - 1
定　价	39.80 元

读者购书、书店添货、如发现印装质量问题,请与本社发行中心联系、调换。
订购热线:(029)82665248　(029)82665249
投稿热线:(029)82668133
读者信箱:xjtu_rwjg@126.com

Preface 序

BIM(建筑信息模型)源自于西方发达国家,他们在 BIM 技术领域的研究与实践起步较早,多数建设工程项目均采用 BIM 技术,由此验证了 BIM 技术的应用潜力。各国标准纷纷出台,并被众多工程项目所采纳。在我国,住房和城乡建筑部颁布的《2011—2015 年建筑业信息化发展纲要》中明确提出要"加快建筑信息化模型(BIM)、基于网络的协同工作等新技术在工程中的应用,推动信息化标准建设"。从中可以窥见,BIM 在中国已经跨过概念普及的萌芽阶段以及实验性项目的验收阶段,真正进入到发展普及的实施阶段。在目前阶段,各企业考虑的重心已经转移到如何实施 BIM,并将其延续到建筑的全生命周期。

目前,BIM 技术应用已逐步深入到应用阶段,《2016—2020 年建筑业信息化发展纲要》的出台,对于整个建筑行业继续推进 BIM 技术的应用,起到了极强的指导和促进作用,可以说 BIM 是建筑业和信息技术融合的重要抓手。同时,BIM 技术结合物联网、GIS 等技术,不仅可以实现建筑智能化,建设起真正的"智能建筑",也将在智慧城市建设、城市管理、园区和物业管理等多方面实现更多的技术创新和管理创新。

Autodesk Revit 作为欧特克(Autodesk)软件有限公司针对 BIM 实施所推出的核心旗舰产品,已经成为 BIM 实施过程中不可或缺的一个重要平台;是欧特克公司基于 BIM 理念开发的建筑三维设计类产品。其强大功能可实现:协同工作、参数化设计、结构分析、工程量统计、"一处修改、处处更新"和三维模型的碰撞检查等。通过这些功能的使用,大大提高了设计的高效性、准确性,为后期的施工、运营均可提供便利。它通过 Revit Architecture、Revit Structure、Revit MEP 三款软件的结合涵盖了建筑设计的全专业,提供了完整的协作平台,并且有良好的扩展接口。正是基于 Autodesk Revit 的这种全面性、平台性和可扩展性,它完美地实现了各企业应用BIM 时所期望的可视化、信息化和协同化,进而成为在市场上占据主导地位的 BIM应用软件产品。了解和掌握 Autodesk Revit 软件的应用技巧在 BIM 的工程实施中必然可以起到事半功倍的效果。

青立方之光全国 BIM 技能等级考试系列教材是专门为初学者快速入门而量身编写的,编写中结合案例与历年真题,以方便读者学习巩固各知识点。本套教材力求保持简明扼要、通俗易懂、实用性强的编写风格,以帮助用户更快捷地掌握 BIM 技能应用。

陕西省土木建筑学会理事长
陕西省绿色建筑创新联盟理事长

F 前言
Foreword

BIM(Building Information Modeling,建筑信息模型),是以建筑工程项目的各项相关信息作为模型的基础,进行模型的建立,通过数字信息仿真模拟建筑物所具有的真实信息。它是继"甩开图版转变为二维计算机绘图"之后的又一次建筑业的设计技术手段的革命,已经成为工程建设领域的热点。

自20世纪70年代美国Autodesk公司第一次提出BIM概念至今,BIM技术已在国内外建筑行业得到广泛关注和应用,诸如英国、澳大利亚、新加坡等,在北美等发达地区,BIM的使用率已超过70%。

为贯彻落实《中共中央、国务院关于进一步加强人才工作的决定》精神,落实《高技能人才队伍建设中长期规划(2010—2020年)》,加快高技能人才队伍建设,更好地解决BIM技术、BIM实施标准和软件协调配套发展等系列问题,西安青立方建筑数据技术服务有限公司根据市场和行业发展需求,结合国内典型BIM成功案例,采纳国内一批知名BIM专家和行业专家共同意见,推出BIM建模系列解决方案课程。

本书详细讲解了Revit的软件入门知识及高级技能,以培养高质量的BIM建模人才。本书以最新版本的Revit 2016中文版为操作平台,全面地介绍使用该软件进行建模设计的方法和技巧。全书共分为14章,主要内容包括Revit建筑设计基本操作、标高和轴网的绘制、墙体和幕墙的创建等,覆盖了使用Revit进行建筑建模设计的全过程。

本书内容结构严谨,分析讲解透彻,实例针对性极强,既可作为Revit的培训教材,也可作为Revit工程制图人员的参考资料。

本书由西安青立方建筑数据技术服务有限公司薛菁担任主编,广州万玺交通科技有限公司吴福城、兰州交通大学路小娟和西安青立方建筑数据技术服务有限公司薛少博共同担任副主编。具体编写分工如下:第1章、第2章由薛菁编写;第3章、第4章、第5章、第6章由路小娟编写;第7章、第8章由薛少博编写;第9章由吴福城编写;第10章、第11章由王丽娟编写;第12章由鲜立勃编写;第13章、第14章由孙一豪、王亚平编写。全书由薛菁统稿,中机国际工程设计研究院有限责任公司王林春和袁杰主审。

青立方之光系列教材的顺利编写得到了青立方各位领导的支持,各大高校老师的鼎力协助,家人的全力支持。特别感谢身边各位同事在工作过程中给予的帮助。

由于时间仓促及水平有限,书中难免有不足与错误,敬请读者批评指正,以便日后修改和完善。

编 者

2017.5

C目　录
ontents

第 1 章　BIM 和 Revit 简介

1.1　BIM 介绍

工程建设项目的规模、形态和功能越来越复杂,高度复杂化的工程建设项目,再次向以工程图纸为核心的设计和工程管理模式发出了挑战。随着计算机软件和硬件水平的发展,以工程数字模型为核心的全新的设计和管理模式逐步走入人们的视野,于是人们提出了BIM 的概念。

1.1.1　BIM 是什么

BIM 全称为 Building Information Modeling,其中文含义为"建筑信息模型",是以建筑工程项目的各项相关信息数据作为模型的基础,进行建筑模型的建立,通过数字信息仿真模拟建筑物所具有的真实信息。它具有可视化、协调性、模拟性、优化性和可出图性五大特点。

BIM 是以三维数字技术为基础,集成了各种相关信息的工程数据模型,可以为设计、施工和运营提供相协调的、内部保持一致的并可进行运算的信息。麦格劳-希尔建筑信息公司对建筑信息模型的定义是,创建并利用数字模型,在该模型中包含详细工程信息,能够将这些模型和信息应用于建筑工程的设计过程、施工管理,以及物业和运营管理等全建筑生命周期管理(Building Lifecycle Management)过程中。这是目前较全面、完善的关于 BIM 的定义。2004 年,随着 Autodesk(欧特克)在中国发布 Autodesk Revit 5.1(Autodesk Revit Architecture软件的前身),BIM 概念开始随之引入中国。

BIM 应用学科:几何学、空间关系、地理信息系统。

BIM 适用领域范围:建筑学、工程学及土木工程。

BIM 技术是一种应用于工程设计建造管理的数据化工具,通过参数模型整合各种项目的相关信息,在项目策划、运行和维护的全生命周期过程中进行共享和传递,使工程技术人员对各种建筑信息作出正确理解和高效应对,为设计团队以及包括建筑运营单位在内的各方建设主体提供协同工作的基础,在提高生产效率、节约成本和缩短工期方面发挥重要作用。

我国住房和城乡建设部于 2016 年 12 月 2 日发布第 1380 号公告,批准《建筑信息模型应用统一标准》为国家标准,编号为 GB/T 51212—2016,自 2017 年 7 月 1 日起实施。这是我国第一部建筑信息模型应用的工程建设标准,提出了建筑信息模型应用的基本要求,是建筑信息模型应用的基础标准,可作为我国建筑信息模型应用及相关标准研究和编制的依据。国务院于 2016 年 12 月 15 日印发了《"十三五"国家信息化规划》。《建筑信息模型应用统一标准》的实施将为国家建筑业信息化能力提升奠定基础。

建筑信息的数据在 BIM 中的存储,主要以各种数字技术为依托,从而以这个数字信息模型作为各个建筑项目的基础,去进行各个相关工作。

建筑信息模型不是简单地将数字信息进行集成,而是一种数字信息的应用,并可以用于

1

设计、建造、管理的数字化方法,这种方法支持建筑工程的集成管理环境,可以使建筑工程在其整个进程中显著提高效率、大量减少风险。

在建筑工程整个生命周期中,建筑信息模型可以实现集成管理,因此这一模型既包括建筑物的信息模型,同时又包括建筑工程管理行为的模型,而且将建筑物的信息模型同建筑工程的管理行为模型进行完美的组合。因此在一定范围内,建筑信息模型可以模拟实际的建筑工程建设行为,例如:建筑物的日照、外部维护结构的传热状态等。

1975年,"BIM之父"——乔治亚理工大学的 Chailes Eastman 教授创建了 BIM 理念至今,BIM 技术的研究经历了三大阶段:萌芽阶段、产生阶段和发展阶段。BIM 理念的启蒙,受到了1973年全球石油危机的影响,美国全行业需要考虑提高行业效益的问题,1975年"BIM之父"Eastman 教授在其研究的课题"Building Description System"中提出"a computer-based description of-a building",以便于实现建筑工程的可视化和量化分析,提高工程建设效率。

1.1.2 五大特点及价值体现

1.五大特点

(1)可视化。

可视化即"所见所得"的形式。对于建筑行业来说,可视化的真正运用在建筑业的作用是非常大的,例如经常拿到的施工图纸,只是各个构件的信息在图纸上采用线条的绘制表达,但是其真正的构造形式就需要建筑业参与人员去自行想象了。对于一般简单的东西来说,这种想象也未尝不可,但是近几年建筑业的建筑形式各异,复杂造型在不断推出,那么这种光靠人脑去想象的东西就未免有点不现实了。所以 BIM 提供了可视化的思路,让人们将以往的线条式的构件形成一种三维的立体实物图形展示在人们的面前。建筑业也有设计方面出效果图的事情,但是这种效果图是分包给专业的效果图制作团队进行识读设计制作出的线条式信息制作出来的,并不是通过构件的信息自动生成的,缺少同构件之间的互动性和反馈性,然而 BIM 的可视化是一种能够在同构件之间形成互动性和反馈性的可视,在 BIM 建筑信息模型中,由于整个过程都是可视化的,所以,可视化的结果不仅可以用于效果图的展示及报表的生成,更重要的是,项目设计、建造、运营过程中的沟通、讨论、决策都在可视化的状态下进行。

(2)协调性。

这个方面是建筑业中的重点内容,不管是施工单位还是业主及设计单位,无不在做着协调及相配合的工作。一旦项目的实施过程遇到了问题,就要将各有关人士组织起来开协调会,找各施工问题发生的原因及解决办法,然后作出变更,采取相应补救措施等进行问题的解决。那么这个问题的协调真的就只能在问题出现后再进行协调吗? 在设计时,往往由于各专业设计师之间的沟通不到位,出现各种专业之间的碰撞问题,例如暖通等专业中的管道在进行布置时,由于施工图纸是各自绘制在各自的施工图纸上的,真正施工过程中,可能在布置管线时正好在此处有结构设计的梁等构件在此妨碍着管线的布置,这种就是施工中常遇到的碰撞问题,像这样的碰撞问题的协调解决就只能在问题出现之后再进行解决吗? BIM 的协调性服务就可以帮助处理这种问题,也就是说 BIM 建筑信息模型可在建筑物建造前期对各专业的碰撞问题进行协调,生成协调数据,提供出来。当然 BIM 的协调作用也并不是只能解决各专业间的碰撞问题,它还可以解决其他问题。例如:电梯井布置与其他设计布置及净空要求的协调,防火分区与其他设计布置的协调,地下排水布置与其他设计布置的协调等。

（3）模拟性。

模拟性并不是只能模拟设计出的建筑物模型,还可以模拟不能够在真实世界中进行操作的事物。在设计阶段,BIM可以对设计上需要进行模拟的一些东西进行模拟实验,如节能模拟、紧急疏散模拟、日照模拟、热能传导模拟等;在招投标和施工阶段可以进行4D模拟(三维模型加项目的发展时间),也就是根据施工的组织设计模拟实际施工,从而确定合理的施工方案来指导施工,同时还可以进行5D模拟(基于3D模型的造价控制),从而来实现成本控制;后期运营阶段可以模拟日常紧急情况的处理方式,例如地震人员逃生模拟及消防人员疏散模拟等。

（4）优化性。

事实上整个设计、施工、运营的过程就是一个不断优化的过程,当然优化和BIM也不存在实质性的必然联系,但在BIM的基础上可以做更好的优化、更好地做优化。优化受三样东西的制约:信息、复杂程度和时间。没有准确的信息做不出合理的优化结果,BIM模型提供了建筑物的实际存在的信息,包括几何信息、物理信息、规则信息,还提供了建筑物变化以后的实际存在。复杂程度高到一定程度,参与人员本身的能力无法掌握所有的信息,必须借助一定的科学技术和设备的帮助。现代建筑物的复杂程度大多超过参与人员本身的能力极限,BIM及与其配套的各种优化工具提供了对复杂项目进行优化的可能。基于BIM的优化可以做下面的工作:

①项目方案优化:把项目设计和投资回报分析结合起来,设计变化对投资回报的影响可以实时计算出来;这样业主对设计方案的选择就不会主要停留在对形状的评价上,而更多的可以使得业主知道哪种项目设计方案更有利于自身的需求。

②特殊项目的设计优化:例如裙楼、幕墙、屋顶、大空间到处可以看到异型设计,这些内容看起来占整个建筑的比例不大,但是占投资和工作量的比例和前者相比却往往要大得多,而且通常也是施工难度比较大和施工问题比较多的地方,对这些内容设计的施工方案进行优化,可以带来显著的工期和造价改进。

（5）可出图性。

BIM并不是为了出大家日常多见的建筑设计院所出的建筑设计图纸及一些构件加工的图纸,而是通过对建筑物进行了可视化展示、协调、模拟、优化以后,可以帮助业主出如下图纸:

①综合管线图(经过碰撞检查和设计修改,消除了相应错误以后);

②综合结构留洞图(预埋套管图);

③碰撞检查侦错报告和建议改进方案。

由上述内容,我们可以大体了解BIM的相关内容。BIM在世界很多国家已经有比较成熟的标准或者制度。BIM在中国建筑市场内要顺利发展,必须将BIM和国内的建筑市场特色相结合,才能够满足国内建筑市场的特色需求,同时BIM将会给国内建筑业带来一次巨大变革。

2.价值体现

建立以BIM应用为载体的项目管理信息化,可提升项目生产效率、提高建筑质量、缩短工期、降低建造成本。具体体现在：

（1）三维渲染，宣传展示。

三维渲染动画，给人以真实感和直接的视觉冲击。建好的 BIM 模型可以作为二次渲染开发的模型基础，大大提高了三维渲染效果的精度与效率，给业主更为直观的宣传介绍，提升中标几率。

（2）快速算量，精度提升。

BIM 数据库的创建，通过建立 5D 关联数据库，可以准确快速计算工程量，提升施工预算的精度与效率。由于 BIM 数据库的数据粒度达到构件级，可以快速提供支撑项目各条线管理所需的数据信息，有效提升施工管理效率。BIM 技术能自动计算工程实物量，这个属于较传统的算量软件的功能，在国内此项应用案例非常多。

（3）精确计划，减少浪费。

施工企业精细化管理很难实现的根本原因在于海量的工程数据无法快速准确获取以支持资源计划，致使经验主义盛行。而 BIM 的出现可以让相关管理条件快速准确地获得工程基础数据，为施工企业制订精确人材计划提供有效支撑，大大减少了资源、物流和仓储环节的浪费，为实现限额领料、消耗控制提供技术支撑。

（4）多算对比，有效管控。

管理的支撑是数据，项目管理的基础就是工程基础数据的管理，及时、准确地获取相关工程数据就是项目管理的核心竞争力。BIM 数据库可以实现任一时点上工程基础信息的快速获取，通过合同、计划与实际施工的消耗量、分项单价、分项合价等数据的多算对比，可以有效了解项目运营是盈是亏，消耗量有无超标，进货分包单价有无失控等问题，实现对项目成本风险的有效管控。

（5）虚拟施工，有效协同。

三维可视化功能再加上时间维度，可以进行虚拟施工。随时随地直观快速地将施工计划与实际进展进行对比，同时进行有效协同，施工方、监理方，甚至非工程行业出身的业主领导都对工程项目的各种问题和情况了如指掌。这样通过 BIM 技术结合施工方案、施工模拟和现场视频监测，大大减少建筑质量问题、安全问题，减少返工和整改。

（6）碰撞检查，减少返工。

BIM 最直观的特点在于三维可视化，利用 BIM 的三维技术在前期可以进行碰撞检查，优化工程设计，减少在建筑施工阶段可能存在的错误损失和返工的可能性，而且可以优化净空，优化管线排布方案。最后施工人员可以利用碰撞优化后的三维管线方案，进行施工交底、施工模拟，提高施工质量，同时也提高了与业主沟通的能力。

（7）冲突调用，决策支持。

BIM 数据库中的数据具有可计量的特点，大量工程相关的信息可以为工程提供数据后台的巨大支撑。BIM 中的项目基础数据可以在各管理部门进行协同和共享，工程量信息可以根据时空维度、构件类型等进行汇总、拆分、对比分析等，保证工程基础数据及时、准确地提供，为决策者制定工程造价项目群管理、进度款管理等方面的决策提供依据。

（8）成本核算。

成本核算困难的原因：

一是数据量大。每一个施工阶段都牵涉大量材料、机械、工种、消耗和各种财务费用，要把每一种人、材、机和资金消耗都统计清楚,数据量十分巨大。工作量如此巨大,实行短周期(月、季)成本在当前管理手段下,就变成了一种奢侈。随着进度进展,应付进度工作自顾不暇,过程成本分析、优化管理就只能搁在一边。

二是牵涉部门和岗位众多。实际成本核算,当前情况下需要预算、材料、仓库、施工、财务多部门多岗位协同分析汇总提供数据,才能汇总出完整的某时点实际成本,往往某个或某几个部门不能实行,整个工程成本汇总就难以做出。

三是对应分解困难。一种材料、人工、机械甚至一笔款项往往用于多个成本项目,拆分分解对应好专业要求相当高,难度非常高。

四是消耗量和资金支付情况复杂。材料方面,有的进了库未付款,有的先预付款未进货,有的用了未出库,有的出了库未用掉;人工方面,有的先干未付,有的预付未干,有的干了未确定工价;机械周转材料租赁也有类似情况;专业分包,有的项目甚至未签约先干,事后再谈判确定费用。情况如此复杂,成本项目和数据归集在没有一个强大的平台支撑情况下,不漏项做好三个维度(时间、空间、工序)的对应很困难。

BIM 技术在处理实际成本核算中有着巨大的优势。基于 BIM 建立的工程 5D(3D 实体、时间、WBS)关系数据库,可以建立与成本相关数据的时间、空间、工序维度关系,数据粒度处理能力达到了构件级,使实际成本数据高效处理分析有了可能。

解决方案:

①创建基于 BIM 的实际成本数据库。

建立成本的 5D(3D 实体、时间、工序)关系数据库,让实际成本数据及时进入 5D 关系数据库,成本汇总、统计、拆分对应瞬间可得。

以各 WBS 单位工程量人材机单价为主要数据进入实际成本 BIM 中。

未有合同确定单价的项目,按预算价先进入。有实际成本数据后,及时按实际数据替换掉。

②实际成本数据及时进入数据库。

一开始实际成本 BIM 中成本数据以采取合同价和企业定额消耗量为依据。随着进度进展,实际消耗量与定额消耗量会有差异,要及时调整。每月对实际消耗进行盘点,调整实际成本数据。化整为零,动态维护实际成本 BIM,大幅减少一次性工作量,并有利于保证数据准确性。

材料实际成本:要以实际消耗为最终调整数据,而不能以财务付款为标准。材料费的财务支付有多种情况:未订合同进场的、进场未付款的、付款未进场的,按财务付款为成本统计方法将无法反映实际情况,会出现严重误差。

仓库应每月盘点一次,将入库材料的消耗情况详细列出清单向成本经济师提交,成本经济师按时调整每个 WBS 材料实际消耗。

人工费实际成本:同材料实际成本。按合同实际完成项目和签证工作量调整实际成本数据,一个劳务队可能对应多个 WBS,要按合同和用工情况进行分解落实到各个 WBS。

机械周转材料实际成本:要注意各 WBS 分摊,有的可按措施费单独立项。

管理费实际成本:由财务部门每月盘点,提供给成本经济师,调整预算成本为实际成本,实际成本不确定的项目仍按预算成本进入实际成本。

按上述方案,过程工作量大为减少,做好基础数据工作后,各种成本分析报表瞬间可得。

③快速实行多维度(时间、空间、WBS)成本分析。

建立实际成本BIM模型,周期性(月、季)按时调整维护好该模型,统计分析工作就很轻松,软件强大的统计分析能力可轻松满足各种成本分析需求。

基于BIM的实际成本核算方法,较传统方法具有极大优势:

第一,快速。由于建立基于BIM的5D实际成本数据库,汇总分析能力大大加强,速度快,短周期成本分析不再困难,工作量小、效率高。

第二,准确。比传统方法准确性大为提高。因成本数据动态维护,准确性大为提高。消耗量方面仍会有误差存在,但已能满足分析需求。通过总量统计的方法,消除累积误差,成本数据随进度进展准确度越来越高。另外通过实际成本BIM模型,很容易检查出哪些项目还没有实际成本数据,监督各成本条线实时盘点,提供实际数据。

第三,分析能力强。可以多维度(时间、空间、WBS)汇总分析更多种类、更多统计分析条件的成本报表。

第四,总部成本控制能力大为提升。将实际成本BIM模型通过互联网集中在企业总部服务器。总部成本部门、财务部门就可共享每个工程项目的实际成本数据,数据粒度也可掌握到构件级。实行了总部与项目部的信息对称,总部成本管控能力大大加强。

1.1.3 未来展望

与传统模式相比,3D-BIM的优势明显,因为建筑模型的数据在建筑信息模型中的存在是以多种数字技术为依托,从而以这个数字信息模型作为各个建筑项目的基础,可以进行各个相关工作。建筑工程与之相关的工作都可以从这个建筑信息模型中拿出各自需要的信息,既可指导相应工作又能将相应工作的信息反馈到模型中。

同时BIM可以四维模拟实际施工,以便于在早期设计阶段就发现后期真正施工阶段所会出现的各种问题,来提前处理,为后期活动打下坚固的基础。在后期施工时能作为施工的实际指导,也能作为可行性指导,以提供合理的施工方案及人员、材料使用的合理配置,从而在最大范围内实现资源合理运用。在谈到4D-BIM应用时,关于4D-BIM的工程管理,主要用于施工阶段的进度、成本、质量安全以及碳排放测算。

据了解,在中国,BIM最初只是应用于一些大规模标志性的项目当中,除了堪称BIM经典之作的上海中心大厦项目外,上海世博会的一些场馆也应用了BIM。仅仅经过两三年,BIM已经应用到一些中小规模的项目当中。以福建省建筑设计研究院为例,全院70%~80%的项目都是使用BIM完成的。据介绍,就BIM的应用而言,2009年,美国就领先中国7年;2012年,中国已将这一差距缩小到了3年。需要强调的是,这一差距针对的是BIM的用户数量,而在应用程度上,中国企业与世界领先公司基本上处于同等水平。

而住建部编制的建筑业"十三五"规划明确提出要推进BIM协同工作等技术应用,普及可视化、参数化、三维模型设计,以提高设计水平,降低工程投资,实现从设计、采购、建造、投产到运行的全过程集成运用。

由于查询建筑模型资讯能提供各类适切的信息,协助决策者作出准确的判断,同时相比于传统绘图方式,在设计初期能大量地减少设计团队成员所产生的各类错误,以至于减少后续承造厂商所犯的错误。计算机系统能用碰撞检测的功能,用图形表达的方式知会查询的人员关于各类的构件在空间中彼此碰撞或干涉情形的详细信息。由于计算机和软件具有更强大的建筑信息处理能力,相比现有的设计和施工建造的流程,这样的方法在一些已知的应用中,已经给工程项目带来正面的影响和帮助。

对工程的各个参与方来说,减少错误对降低成本都有很重要的影响。而因此减少建造所需要的时间,同时也有助于降低工程的成本。

BIM 建筑信息模型的建立,是建筑领域的一次革命。它将成为项目管理强有力的工具。BIM 建筑信息模型适用于项目建设的各阶段,它应用于项目全寿命周期的不同领域。建造绿色建筑是每一个从业者的使命,建造绿色建筑是建筑行业的责任。

BIM 在实现绿色设计、可持续设计方面具有优势:BIM 方法可用于分析包括影响绿色条件的采光、能源效率和可持续性材料等建筑性能的方方面面;可分析、实现最低的能耗,并借助通风、采光、气流组织以及视觉对人心理感受的控制等,实现节能环保;采用 BIM 理念,还可在项目方案完成的同时计算日照、模拟风环境,为建筑设计的"绿色探索"注入高科技力量。

1.1.4 相关案例——BIM 在复杂型建筑中的应用

南京青奥会议中心(见图 1-1)占地 4 万平方米,总建筑面积达到 19.4 万平方米,地上 6 层,地下 2 层,主要包括一个 2181 座的大会议厅以及一个 505 座的多功能音乐厅,可作为会议、论坛、大型活动及戏剧、音乐演出等活动的举办场所。

图 1-1

青奥会议中心出自著名设计师扎哈·哈迪德之手。青奥中心的施工难度大,"南京青奥中心是没有标准化单元的,没有一个部分是相同的",承担着青奥会议中心建设项目 BIM 工作的 isBIM 项目经理刘星佐介绍说,"异形建筑如何施工,以及复杂形建筑内部大空间的合理运用是青奥会议中心项目的两大难题。"这显然挑战了建造者们的智慧。一般来说,建筑在施工时按照平面图纸搭建即可,而由于会议中心造型复杂,施工难度大,在施工前必须要借助 BIM 的三维模型,根据模型能看出放大后的每个细节,包括构件样子、螺栓的位置、角度、构件尺寸等。由于受造型限制,管线的施工也必须在 BIM 模型里面进行排布,之后再现场施工,这样才能确保施工的质量并避免反复更改。

通过 isBIM 提供的 3D 建筑模型,协调了各个专业,并利用 isBIM 大数据整合将多专业不同格式模型整合在同一个平台,解决了青奥会议中心的复杂造型;利用 BIM 手段解决传统的二维设计手段较难解决的复杂区域管线综合问题。在 isBIM 打造的可视化平台中解决了多专业协调问题,如复杂外立面、钢结构、内装空间等,并对其进行了合理的分配。如此一来,青奥会议中心项目的两大难题迎刃而解。

除此之外,应用 BIM 技术著名成功案例有德国慕尼黑的宝马世界(BMW Welt)、梅赛德斯-奔驰博物馆(Mercedes-BenzMuseum),以及位于斯图加特的保时捷博物馆等许多世界知名案例,均为使用该项技术来完成整个设计项目。

现在对于我们初学者来说,既是机遇又是挑战,在技术革命的风口浪尖上,我们只有看准时机,抓住机会,付出更多的努力,才会得到更多的收获。

1.2 Revit 简介

BIM 是当前工程行业中炙手可热的技术,BIM 技术正在以破竹之势在工程建设行业中引起一场信息化数字革命。作为当前国内应用最广的 BIM 创建工具,Revit 系列软件是由全球领先的数字化设计软件供应商 Autodesk(欧特克)公司,针对建筑设计行业开发的三维参数化设计软件平台,目前以 Revit 技术平台为技术推出的专业版软件包括:Revit Architecture(Revit 建筑版)、Revit Structure(Revit 结构)和 Revit MEP(Mechanical、Electrical & Plumbing,即 Revit 设备版——设备、电气、给排水)三款专业设计工具,以满足设计中各专业的应用需求。

1.2.1 界面简介

1.应用程序菜单

应用程序菜单提供对常用文件操作的访问,如"新建"、"打开"和"保存"菜单,还允许使用更高级的工具(如"导出"和"发布")来管理文件。单击按钮打开应用程序菜单,如图 1-2 所示。

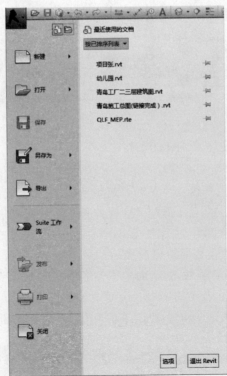

图 1-2

8

在 Revit 中自定义快捷键是选择应用程序菜单中的"选项"命令,弹出"选项"对话框,然后单击"用户界面"选项卡中的"自定义"按钮,在弹出"快捷键"对话框中进行设置,如图 1-3 所示。

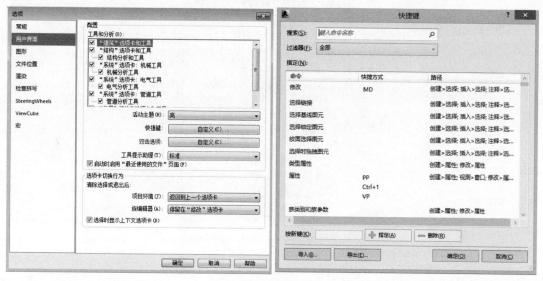

图 1-3

2.快速访问工具栏

单击快速访问工具栏后的下拉按钮,将弹出工具列表。若要向快速访问工具栏中添加功能区按钮,可在功能区中单击鼠标右键,在弹出的快捷菜单中选择"添加到快速访问工具栏"命令,按钮会添加到快速访问工具栏中默认命令的右侧,如图 1-4 所示。

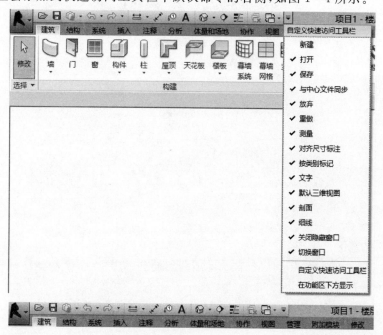

图 1-4

可以对快速访问工具栏中的命令进行向上/向下移动、添加分隔符、删除等操作,如图1-5所示。

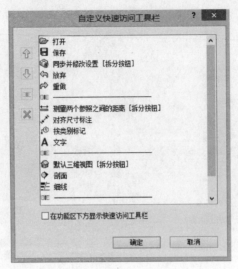

图 1-5

3.功能区三种类型的按钮

功能区包括以下三种类型的按钮:

(1)按钮(如天花板):单击可调用工具。

(2)下拉按钮:如图 1-6 中"墙"包含一个下三角按钮,用以显示附加的相关工具。

(3)分割按钮:调用常用的工具或显示包含附加相关工具的菜单。

图 1-6

4.上下文功能区选型卡

激活某些工具或选择图元时,会自动增加并切换到一个"上下文功能区选项卡",其中包含一组只与该工具或图元上下文相关的工具。

例如,单击"墙"工具时,将显示"放置墙"的上下文选项卡,其中显示以下三个面板:

①选择:包含"修改"工具。

②图元:包含"图元属性"和"类型选择器"。

③图形:包含绘制墙草图所必需的绘图工具。

退出该工具时,上下文功能区选项卡即会关闭,如图1-7所示。

图1-7

5.全导航控制盘

将查看对象控制盘和巡视建筑控制盘上的三维导航工具组合到一起。用户可以查看各个对象,以及围绕模型进行漫游和导航。全导航控制盘(大)和全导航控制盘(小)经优化适合有经验的三维用户使用。如图1-8所示。

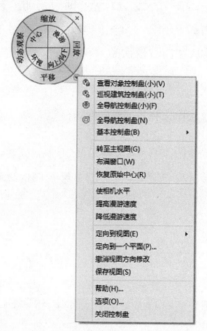

图1-8

切换到全导航控制盘(大):在控制盘上单击鼠标右键,在弹出的快捷菜单中选择"全导航控制盘"命令。

切换到全导航控制盘(小):在控制盘上单击鼠标右键,在弹出的快捷菜单中选择"全导航控制盘(小)"命令。

6.ViewCube

ViewCube是一个三维导航工具,可指示模型的当前方向,并让用户调整视点,如图1-9所示。

主视图是随模型一同存储的特殊视图,用户可以将模型的任何视图定义为主视图。

在ViewCube上单击鼠标右键,在弹出的快捷菜单中选择"将当前视图设定为主视图"命令。

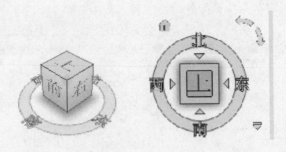

图 1-9

7.视图控制栏

视 图 控 制 栏 位 于 Revit 窗 口 底 部 的 状 态 栏 上 方 ，界 面 为
1：100 ◈ ▣ ☼ ⟡ ⬭ ⬭ ⬭ ⬭ ⬞ ⟳ ♀ ⬚ ⬚ ⬚ ⟐。通过它，可以快速访问影响绘图
区域的功能，视图控制栏工具从左向右依次是：

①比例；

②详细程度；

③模型图形样式：单击可选择选择框、隐藏色、着色、一致的颜色和真实五种模式；

④打开/关闭日光路径；

⑤打开/关闭阴影；

⑥显示/隐藏渲染对话框，仅当绘图区域显示三维视图时才可用；

⑦打开/关闭裁剪区域；

⑧显示/隐藏裁剪区域；

⑨锁定/解锁三维视图；

⑩临时隐藏/隔离；

⑪显示隐藏的图元。

图形显示选项功能，如图 1-10 所示，可进行曲线、轮廓、阴影、照明和背景等命令的相
关设置，如图 1-11 所示。

图 1-10

图 1-11

进行相关的设置后,在三维视图中会有如图1-12所示的效果。

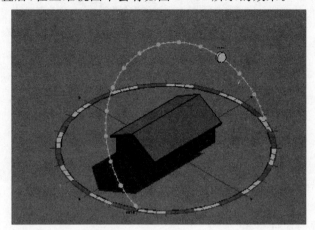

图1-12

可以通过直接拖拽图中的太阳,或修改时间模拟不同时间段的光照情况,如图1-13所示。

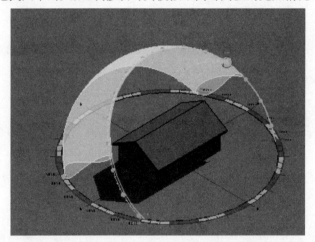

图1-13

也可以在"日光设置"对话框中进行设置并保存,如图1-14所示。

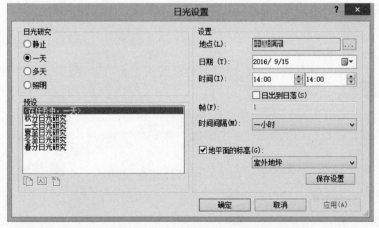

图1-14

Revit还有锁定/解锁三维视图功能,打开三维视图,如图1-15所示,用于锁定三维视图并添加保存命令的操作。

图1-15

1.2.2　常用术语

1.常用的文件格式

Revit常用的文件格式有以下四种:

(1)rvt格式:项目文件格式。

(2)rte格式:项目样板格式。

(3)rfa格式:族文件格式。

(4)rft格式:族样板文件格式。

2.族

族是某一类别中图元的类。族根据参数(属性)集的共用、使用上的相同和图形表示的相似来对图元进行分组。一个族中不同图元的部分或全部属性可能有不同的值,但是属性的设置(其名称与含义)是相同的。例如,可以将美国初期风格的六镶板门视为一个族,虽然构成该族的门可能会有不同的尺寸和材质。族有以下三种:

(1)可载入族:可以载入到项目中,且根据族样板创建。可以确定族的属性设置和族的图形化表示方法。

(2)系统族:包括墙、尺寸标注、天花板、屋顶、楼板和标高。它们不能作为单个文件载入或创建。Revit Architecture预定义了系统族的属性设置及图形表示。

(3)内建族:用于定义在项目的上下文中创建的自定义图元。如果项目需要不希望重用的独特几何图形,或者项目需要的几何图形必须与其他项目几何图形保持众多关系之一,可创建内建图元。

3.类型

每一个族都可以拥有多个类型。类型可以是族的特定尺寸,例如$30'' \times 42''$或A0标题栏。类型也可以是样式,例如尺寸标注的默认对齐样式或默认角度样式。

4.类别

类别是一组用于对建筑设计进行建模或记录的图元。例如,模型图元类别包括墙和梁。注释图元类别包括标记和文字注释。

5.实例

实例是放置在项目中的实际项(单个图元),它们在建筑(模型实例)或图纸(注释实例)中都有特定的位置。

在创建项目时,可以向设计中添加Revit参数化建筑图元。Revit Architecture按照类别、族和类型对图元进行分类。

第2章 项目创建

2.1 新建项目

1.新建项目文件

单击"应用程序菜单"按钮→"新建"→"项目",打开"新建项目"对话框,如图2-1所示,单击"浏览",选择项目样板文件后单击"确定"。

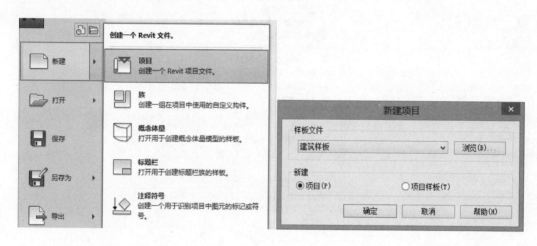

图 2-1

2.链接模型

在项目信息设置后,将结构、MEP模型链接到项目文件中。

单击功能区中"插入"→"链接Revit",打开"导入/链接RVT"对话框,如图2-2所示,选择要链接的结构模型,并在"定位"一栏中选择"自动原点到原点",单击右下方的"打开"按钮,结构模型就链接到了项目文件中。同理,也可以链接MEP模型。

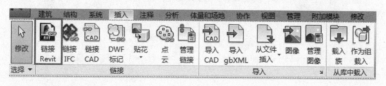

图 2-2

Revit 2016/2017应用指南

2.2 项目视图组织结构

按照视图或图纸的属性值对项目浏览器中的视图和图纸进行组织、排序和过滤，便于用户管理视图和图纸，并能快速有效地查看、编辑相关的工作视图和图纸视图组织，如图2-3所示。

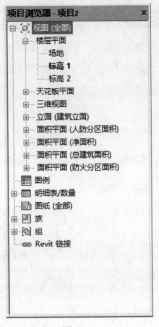

图 2-3

单击"项目浏览器"中的"视图"，右键单击"浏览器组织"，打开"浏览器组织"对话框，如图2-4所示。

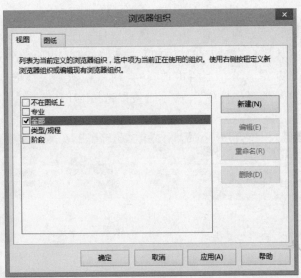

图 2-4

16

在"项目浏览器"下的"视图组织"是系统族。在打开的"类型属性"对话框中,用户可以在"类型"下拉菜单中选择"全部""类型/规程"等类型,也可以通过"复制"及"重命名"新建一个类型,并对"实例属性"下的"文件夹"和"过滤器"进行自定义设置。单击"文件夹"或"过滤器"右侧的"编辑"按钮,都可以打开"浏览器组织属性"对话框。

"文件夹"选项:通过设置不同的成组条件、排序方式等自定义项目视图和图纸的组织结构。例如,把第一成组条件设置为"族与类型",第二成组条件为"规程",第三成组条件不定义,把"视图名称"作为排序方式且设置为升序排列,在项目浏览器下得到视图组织结构,如图2-5所示。

图2-5

"过滤器"选项卡:通过设置过滤条件确定所显示的视图和图纸的数量。例如,按照"族与类型"及"规程"及两个条件来过滤出所显示的视图,如图2-6所示。

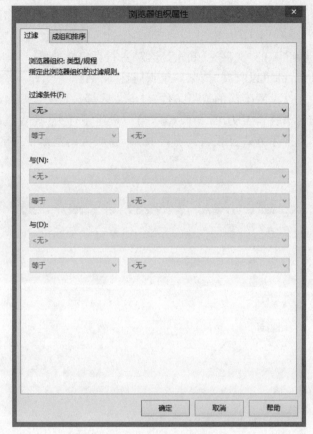

图 2-6

2.3 视图设置

通过以下两种方式可以对视图属性进行设置:

(1)单击当前视图,右键"属性",在"属性"对话框中对"图形""标识数据""范围""阶段"下的各个参数进行设置,该设置仅对当前视图起作用,如图 2-7 所示。

(2)在"视图样板"中对视图属性参数进行统一编辑后,再应用到各个相关视图。

视图样本是视图属性的集合,视图比例、规程、详细程度等都包含在视图样本中。Revit提供了多个视图样本,用户可以直接使用,或者基于这些样本创建自己的视图样板,设置完成后可以通过"传递项目标准"在多个项目间共用。用户可在视图样板中对这些公共承诺书进行设置,完成后应用到各个相关视图。

设置和应用默认视图样板的步骤如下:

(1)单击功能区中"视图"→"视图样板"→"管理视图样板",在打开的"视图样板"对话框中设置,如图 2-8 所示。

(2)在"显示类型"下拉列表中选择"全部",显示所有默认视图样板,选择要设置的默认视图样板,并在右侧的"视图属性"列表中进行设置,设置完成后单击"确定"关闭对话框。

图 2 - 7

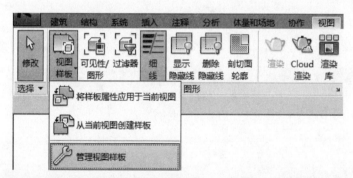

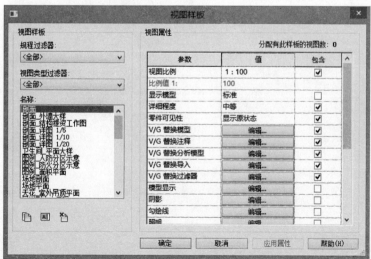

图 2 - 8

（3）单击功能区中"视图"→"视图样板"→"将样板应用到当前视图"，选择一个视图样板应用到当前视图。也可以切换到某一视图，在其"属性"中选择一种视图样板作为"默认视图样板"，见图2-9。

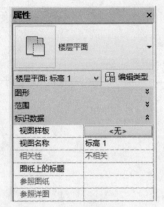

图2-9

2.3.1 可见性设置

针对不同专业的设计需求，对视图中的"模型类别""注释类别""导入的类别""过滤器"等可见性、投影/表面线、截面填充图案、透明、半色调及假面等显示效果进行设置。

（1）可见性：勾选或取消勾选设置图元在视图上的可见性。如图2-10所示。

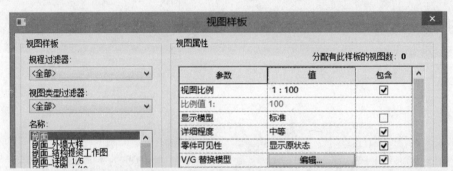

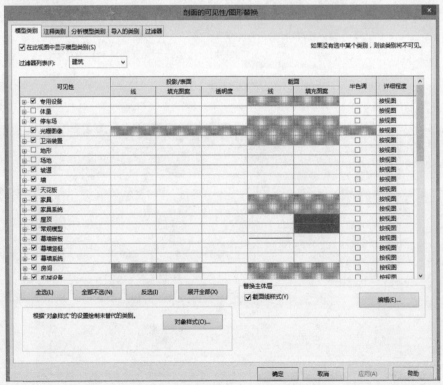

图2-10

（2）投影/表面线：对视图图元的投影/表面线颜色、宽度、填充图案进行设置。如图 2-11所示。

图 2-11

（3）半色调：使图元的线颜色同视图的背景颜色融合。

（4）透明：只显示图元线而不显示表面线。

（5）假面：介于半色调和透明之间。

（6）详细程度：设置该视图中的某类图元是按照粗略、中等或精细程度显示。当在"可见性设置/图形替换"对话框中设置完成后，无论状态栏下的详细程度如何设定，都以该视图的"可见性图形/图形替换"为主。

2.3.2　视图范围

每个楼层平面和天花板平面视图都具有"视图范围"，该属性也可称为可见范围。视图范围是可以控制视图中对象的可见性和外观的一组水平平面。

在"视图样板"对话框中单击"视图范围"，打开"视图范围"对话框，如图 2-12 所示。

图 2-12

"视图范围"对话框中包含"主要范围"中的"顶"、"剖切面"、"底"和"视图深度"中的"标高"。

（1）顶：设置主要范围的上边界的标高。根据标高和距此标高的偏移定义上边界。图元根据其对象样式的定义进行显示。高于偏移值的图元不显示。

（2）剖切面：设置平面视图中图元的剖切高度，使低于该剖切面的构件以投影显示，而与该剖切面相交的其他构件显示为截面。显示为截面的建筑构件包括墙、屋顶、天花板、楼板和楼梯。剖切面不会截断构件。

（3）底：设置主要范围的下边界的标高。如果将其设置为"标高之下"，则必须指定"偏移量的值"，且必须将"视图深度"设置为低于该值的标高。

（4）标高："视图深度"是主要范围之外的附加平面。可以设置视图深度的标高，以显示位于底裁剪平面下面的图元。默认情况下,该标高与底部重合。

2.4 项目设置

2.4.1 项目信息

单击功能区中"管理"→"项目信息",在打开的"项目属性"对话框中输入相关项目信息,如图 2-13 所示。

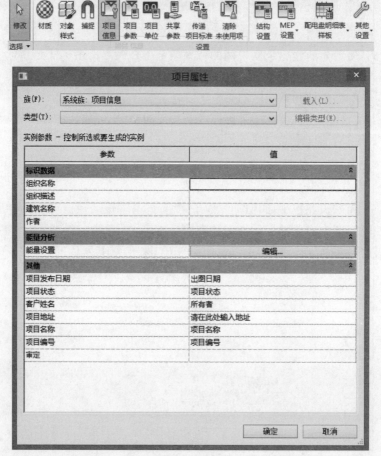

图 2-13

在"项目属性"对话框中,编辑在"其他"组别下的各个参数,例如"项目状态""项目地址"等,可用于图纸上的标题栏中。

2.4.2 项目参数

项目参数是定义后添加到项目的参数。项目参数仅应用于当前项目,不出现在标记中,可以应用于明细表中的字段选择。

单击功能区中"管理"→"项目参数",在"项目参数"对话框中,用户可以添加新的项目参数、修改项目样板中已经提供的项目参数或删除不需要的项目参数,如图 2-14 所示。

单击"添加"或"修改",在打开的"参数属性"对话框中进行编辑,如图 2-15 所示。

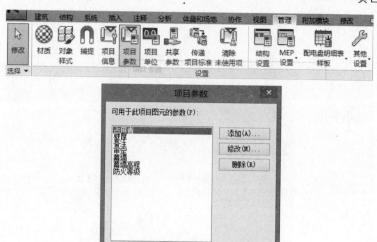

图 2 - 14

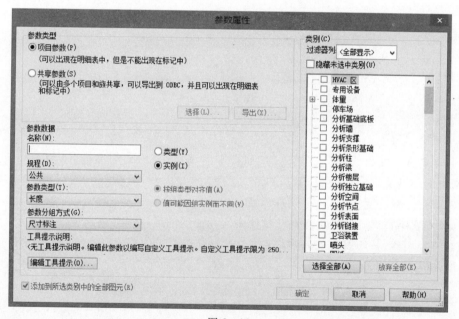

图 2 - 15

①名称:输入添加的项目参数名称,软件不支持划线。

②规程:定义项目参数的规程。

③参数类型:指定参数的类型。

④参数分组方式:定义参数的组别。

⑤实例/类型:指定项目参数属于"实例"或"类型"。

2.4.3 项目单位

用于指定项目中各类参数单位的显示格式。项目单位的设置直接影响明细表、报告及打印等输出数据。

单击功能区中"管理"→"项目单位",打开"项目单位"对话框,按照不同的规程设置,如图2-16所示。

图2-16

2.4.4 文字

项目中有两种文字,一种是在"注释"面板下的文字,是二维的系统族;另一种是在"设计"面板下的模型文字,是基于工作平面的三维图元。

1.写在二维视图上的文字,属于系统族

(1)添加文字:单击功能区"注释"→"文字",功能区的最右侧会出现相关的文字工具集,可以添加直线引线、弧线引线或者多根引线,还能编辑引线位置、编辑文字格式及查找替换功能。对于英文单词,还可以进行拼写检查,如图2-17所示。

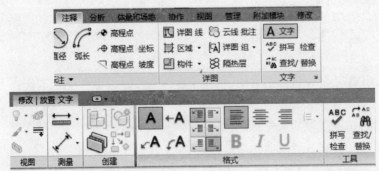

图2-17

(2)文字属性:单击功能区"注释"→"文字"面板标题下的按钮,在弹出的"类型属性"对话框中,对文字的颜色、字体、大小等进行编辑,如图2-18所示。

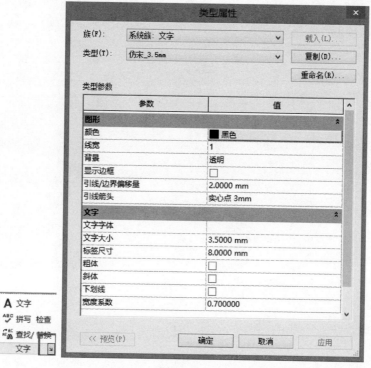

图 2-18

2.模型文字:基于工作平面的三维图元,用于对建筑结构上的标志或字母

单击功能区中"设计"→"模型文字",在弹出的"编辑文字"对话框中输入文字,放置到需要的平面上,如图 2-19 所示。

图 2-19

2.4.5 标记

标记是用于在图纸上识别图元的注释,与标记相关联的属性会显示在明细表中。

在"标记"面板标题的下拉菜单中,单击"载入的标记和符号",如图 2-20 所示。

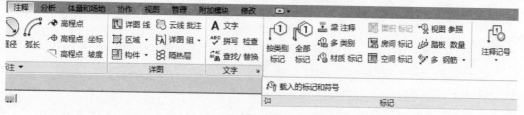

图 2-20

打开"载入的标记和符号"对话框,列出了不同的族类别和所有的关联标记。在"载入的

25

标记和符号"对话框中可以查看已载入的标记,项目不同,已载入默认的标记也不同。用户也可以通过右侧的"载入"按钮,载入当前项目所需的新的标记,如图2-21所示。

图2-21

同一个图元类别可以有多个标记,用户可以选择其中一个作为图元的默认标记。

在功能区"注释"→"标记"面板上包含了"按类别标记""全部标记""多类别"等命令,如图2-22所示。

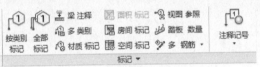

图2-22

(1)按类别标记:按照不同的类别对图元进行标记。

(2)全部标记:对视图中未被标记的图元统一标记。单击"全部标记"后,打开"标记所有未标记的对象"的对话框,可以选择是标记在"当前视图中的所有对象"还是"仅当前视图中所选对象"或者"包括链接文件中的图元",选定后再选择一个或者多个标记类别,通过一次操作可以标记不同类型的图元。

(3)多类别:对当前视图中未标记的不同类别的图元标记共有的信息,选择"多类别"后,逐个点击当前视图中所需标记的图元即可。

(4)材质标记:可以标识用于图元或图元层的材质类型。例如,对墙体的各层材质进行标记。

2.4.6 尺寸标注

尺寸标注是项目中显示距离和尺寸的视图专用图元。

1.各类尺寸标注

永久性尺寸标注是特意放置的尺寸标注。单击功能区中"尺寸标注",可以看到有"对齐""线性""角度""径向""弧长度""高程点""高程点坐标""高程点坡度"等不同的尺寸标注选择,如图2-23所示。

图 2-23

(1)对齐：放置在两个或两个以上平行参照或点之间。

(2)线性：放置在选定点之间，尺寸标注一定是水平或垂直的。

(3)角度：标注两线间的角度。

(4)径向：标注圆形图元或者弧度墙半径。

(5)弧长度：可以对弧形图元进行尺寸标注，获得弧形图元的总长度。标注时，要先选择所需标注的弧，然后选择弧的两个端点，最后将光标向上移离弧形图元。

(6)高程点：显示选定点或者图元的顶部、底部或者顶部和底部高程，可将其放置在平面、立面和三维视图中。

(7)高程点坐标：高程点坐标会报告项目中点的"北/南"和"东/西"坐标。除坐标外，还可以显示选定点的高程和指示器文字。

(8)高程点坡度：显示模型图元的面或者边上的特定点处的坡度，可在平面视图、立面视图和剖面视图中放置。

2.尺寸标注编辑

(1)属性编辑：点击尺寸标注，在相关的"实例属性"和"类型属性"对话框中对其引线、文字、标注字符串类型等参数值进行编辑，例如，线性尺寸标注，如图 2-24 所示。

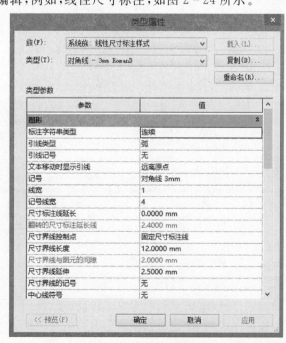

图 2-24

（2）锁定：单击某个尺寸标注，在标注下方会出现一个锁定控制柄。单击锁可以锁定或者解锁尺寸标注。锁定后，不能对尺寸标注进行修改，需要解锁才能修改。

（3）替换尺寸标注文字：单击已标注的尺寸值，打开"尺寸标注文字"对话框，可以在永久性尺寸标注的上方、下方、左侧或者右侧添加补充文字，或者用文字替换现有的尺寸标注值。

2.4.7　对象样式

对象样式为项目中的模型对象、注释对象、分析模型对象和导入对象的不同类别和子类别指定线宽、线颜色、线型图案及材质。单击功能区"管理"→"对象样式"，打开"对象样式"对话框，如图2-25所示。

图2-25

1.线宽

单击功能区中"管理"→"其他设置"→"线宽"，在打开的对话框中，可以对模型线宽、透视视图线宽或注释线宽进行编辑，如图2-26所示。

①模型线宽：指定正交视图中模型构件的线宽、碎石土的比例大小变化。

②透视视图线宽：指定透视视图中模型构件的线宽。

③注释线宽：用于控制注释对象。

图 2-26

2.线颜色

对各类不同图元设置不同的颜色。

3.线型图案

单击功能区中"管理"→"其他设置"→"线型图案",在打开的对话框中,可新建线型图案,也可以对现有线型图案进行编辑、删除及重命名,如图 2-27 所示。

图 2-27

单击"新建"按钮,在打开的"线型图案属性"对话框中用划线、点、空间编辑新的线型图案。例如,双点划线,如图 2-28 所示。

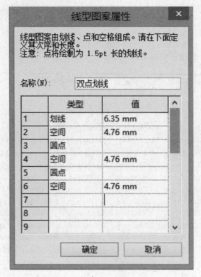

图 2-28

4.材质

"材质"不仅用于定义模型图元在视图和渲染图像中的外观,还提供说明信息和结构信息。用户既可以使用提供的材质,也可以自定义材质。单击功能区中"管理"→"材质",如图 2-29 所示。

图 2-29

在打开的"材质"对话框中,左侧列表中包含了软件提供的所有材质的名称,搜索工具,新建、重命名、删除及清除未使用项,材质显示形式及属性按钮。右侧就是同属性关联的材质编辑器,如图 2-30 所示。

(1)搜索栏:不仅可以在栏中输入材质关键字进行搜索,也可以在"材质类"中,根据不同的材质类型进行过滤分类。

(2)材料列表:列出了软件现有的材质。

(3)复制、重命名、删除及清除未使用项。

①复制:用于创建新材质。

②重命名:修改现有材质的名称。

③删除:删除某材质。

④清除未使用项:可以清理列表中未使用的材质名称,便于管理及简化项目。

(4)视图组织结构:显示列表、显示小图标、显示大图标,后两种显示能够更加直观地查看材质,如图 2-31 所示。

(5)材料编辑器:包含了标识、图形、外观及结构的材质属性。单击"属性"按钮可以选择

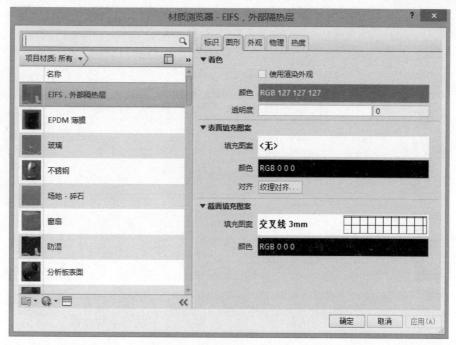

图 2 - 30

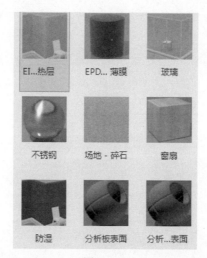

图 2 - 31

显示或者关闭右侧的对话框。

　　①标识:在"标识"选项栏可以编辑各类标识参数,如"材质类""说明""制造商"等,输入各类标识参数信息后,可以利用这些信息搜索材质或制作材质明细表,如图 2 - 32 所示。

　　②图形:定义某个材质的显示属性,即材质外表面和截面在其他视图中显示的方式。

　　③外观:在任何渲染视图中,将材质属性应用于表面所生产的视觉效果。

　　④结构:显示与选定材质有关的结构信息,会在建筑的结构分析中使用。

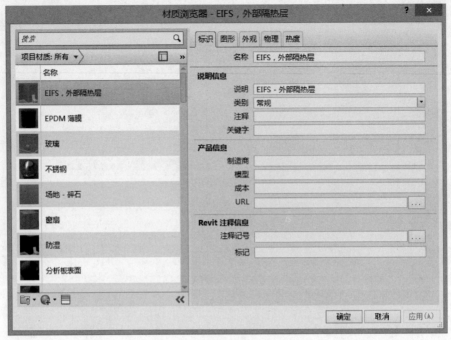

图 2-32

第3章 标高与轴网

标高可定义垂直高度或建筑内的楼层高度及生成平面视图。轴网用于在平面视图中定位项目图元,是可帮助整理设计的注释图元。轴网编号及标高符号样式均可定制修改。

3.1 创建和编辑标高

3.1.1 创建标高

Revit Architecture 提供了标高工具用于创建项目的标高。

首先,如图 3-1 所示,单击"建筑"选项卡中的"基准"面板中的"标高"工具,进入标高模式,软件将自动切换至"修改|放置标高"选项卡。

图 3-1

其次,如图 3-2 所示,选择"修改|放置标高"选项卡中的复制选项,勾选选项栏中的"多个"选项,点击标高 1 上的任意一点作为复制基点,向上移动鼠标,使用鼠标输入如图数据并按回车键确认,由此画出第一条标高线(标高 2)。标高 3 则同理画出。

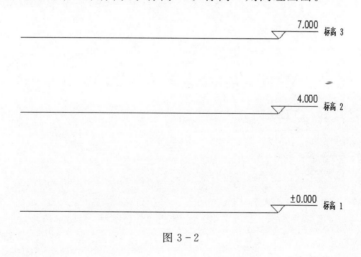

图 3-2

3.1.2 编辑标高

(1)选择任意一条标高线,会显示临时尺寸、一些控制符号和复选框,如图 3-3 所示。可以编辑其尺寸、单击并拖拽控制符号,还可以整体或单独调整标高标头位置、控制标头的显示或隐藏、标头偏移等操作。

(2)还可以点击任意一条标高线,在"属性"面板中选择"类型属性"命令,弹出"类型属性"对话框,在对话框中设置标头的显示或隐藏以及其他属性,如图 3-4 所示。

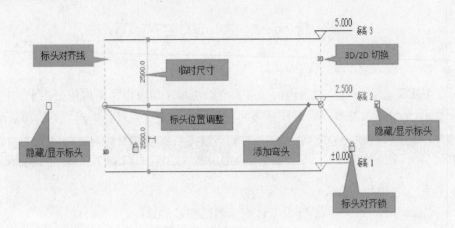

图 3-3

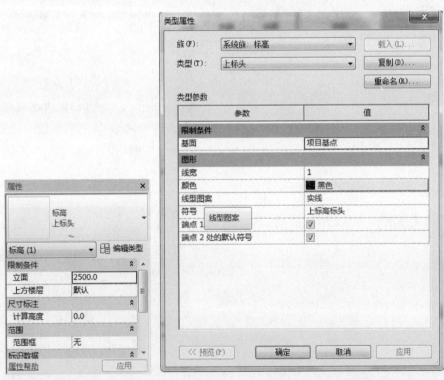

图 3-4

3.2 创建和编辑轴网

3.2.1 创建轴网

选择"建筑"选项卡,然后在"基准"面板中选择"轴网"命令,单击起点、终点位置,绘制一根轴线。当绘制的轴线沿垂直方向时,Revit Architecture 会自动捕捉垂直方向,并给出垂直捕捉参考线。沿垂直方向向上移动鼠标指针至左上角位置时,单击鼠标左键完成第一条线的绘制,并自动为该轴线编号为 1,如图 3-5 所示。

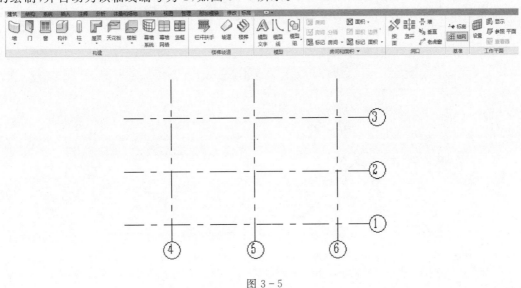

图 3-5

选择一根轴线,单击工具栏中的"复制"、"阵列"或"镜像"按钮,可以快速生成所需的轴线,轴号自动排序。选择不同命令时选项栏中会出现不同选项,如"多个"和"约束"等,如图 3-6 所示。

图 3-6

3.2.2 编辑轴网

选择任何一条轴网线,会出现蓝色的临时尺寸标注,单击尺寸即可修改其值,调整轴线位置,如图 3-7 所示。

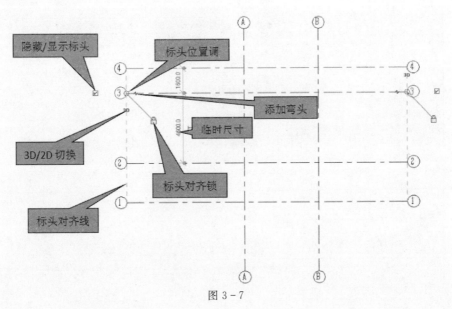

图 3-7

选择任何一条轴网线,所有对齐轴线的端点位置会出现一条对齐虚线,用鼠标拖拽端点,所有轴线端点同步移动。如果只移动单根轴线的端点,则先打开对齐锁,再拖拽轴线端点。如果轴线状态为"3D",则所有平行视图中的轴线端点同步联动,单击切换为"2D",则只改变当前视图的轴线端点位置,如图3-8所示。

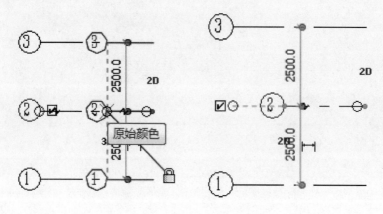

图 3-8

选择任何一根轴网线,单击标头外侧方框☑,即可关闭/打开轴号显示,如需控制所有轴号的显示,可选择所有轴线,将自动激活"修改|轴网"选项卡。在"属性"面板中选择"类型属性"命令,弹出"类型属性"对话框,在其中修改类型属性,单击端点默认编号的"√"标记,如图3-9所示。

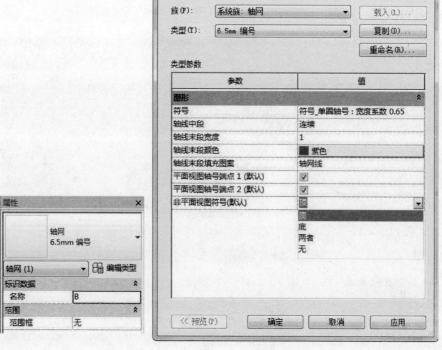

图 3-9

除可控制"平面视图轴号端点"的显示,在"非平面视图轴号(默认)"中还可以设置轴号的显示方式,控制除平面视图以外的其他视图,如立面、剖面等视图的轴号,其显示状态为顶部、底部、两者或无显示,如图 3-10 所示。

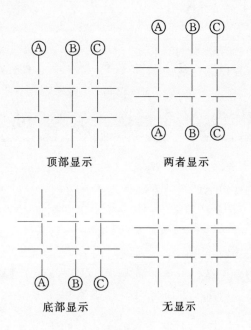

图 3-10

第4章 墙体及幕墙的绘制

在墙体绘制时需要综合考虑墙体的高度，构造做法，立面显示及墙体大样详图，图纸的粗略、精细程度的显示（各种视图比例的显示），内外墙体区别等。幕墙是墙体的一种，其基本单元是幕墙嵌板，幕墙嵌板的大小、数量由划分幕墙的幕墙网格决定。

4.1 创建及编辑墙体

4.1.1 墙体结构介绍

Revit 墙结构中，墙部件包括两个特殊功能层——"核心边界"和"核心结构"。"核心边界"用于界定墙的核心结构与非核心结构，"核心边界"之间的功能层是墙的"核心结构"。所谓"核心结构"是指墙存在的必要条件，如砖砌体、混凝土墙体等。

首先在构造样板中建立墙体并调制在三维模式下，单击所建墙体，在属性栏中点击"编辑类型"，再对构造当中的结构进行编辑。插入 2 个结构[1]，分别移至核心边界外，外部边结构[1]改名为面层 2[5]，内部边结构[1]改名为面层 1[4]，并且设置材质和厚度，如图4-1所示。

层			外部边		
	功能	材质	厚度	包络	结构材质
1	面层 2 [5]	粉刷白色	10.0	☑	☐
2	核心边界	包络上层	0.0		
3	结构 [1]	混凝土砌块	180.0	☐	☑
4	核心边界	包络下层	0.0		
5	面层 1 [4]	粉刷茶色	10.0	☑	☐
		内部边			

图 4-1

打开预览功能便可见外部面层 2[5]、结构层、内部面层 1[4]，如图 4-2 所示。

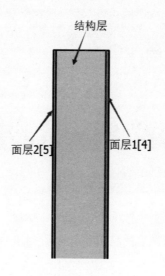

图 4 - 2

4.1.2 编辑墙体轮廓

在视图三维模式下选定墙体,并在命令栏选择"编辑轮廓",如图 4 - 3 所示,然后在墙体内绘制需要开孔的轮廓形状,如图 4 - 4 所示。

图 4 - 3

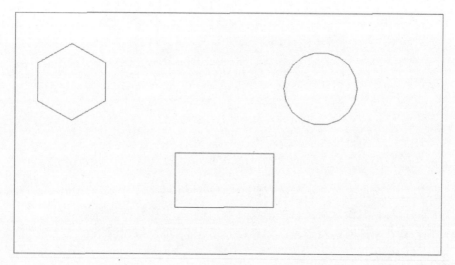

图 4 - 4

绘制完成后点击"√"确定,如图 4 - 5 所示。

图 4-5

4.2 创建幕墙

幕墙是一种外墙,附着到建筑结构,而且不承担建筑的楼板或屋顶荷载。

4.2.1 幕墙概述

在一般应用中,幕墙常常定义为薄的、通常带铝框的墙,包含填充的玻璃、金属嵌板或薄石。绘制幕墙时,单个嵌板可延伸墙的长度。如果所创建的幕墙具有自动幕墙网格,则该墙将被再分为几个嵌板。

在幕墙中,网格线定义放置竖梃的位置。竖梃是分割相邻窗单元的结构图元。可通过选择幕墙并单击鼠标右键访问关联菜单,来修改该幕墙。在关联菜单上有几个用于操作幕墙的选项,例如选择嵌板和竖梃。

可以使用默认 Revit 幕墙类型设置幕墙。这些墙类型提供三种复杂程度,可以对其进行简化或增强,如图 4-6 所示。

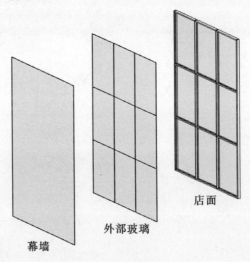

店面

外部玻璃

幕墙

图 4-6

(1)幕墙:没有网格或竖梃。没有与此墙类型相关的规则。此墙类型的灵活性最强。

(2)外部玻璃:具有预设网格。如果设置不合适,可以修改网格规则。

(3)店面:具有预设网格和竖梃。如果设置不合适,可以修改网格和竖梃规则。

4.2.2 添加网格

如果绘制了不带自动网格的幕墙,可以手动添加网格。步骤如下:

(1)把已有幕墙在三维视图或立面视图下打开。

(2)单击"建筑"选项卡→"构建"面板→"幕墙网格",如图 4-7 所示。

图 4 - 7

（3）单击"修改｜放置幕墙网格"选项卡→"放置"面板，然后选择放置类型。

（4）沿着墙体边缘放置光标，会出现一条临时网格线。

（5）单击以放置网格线。网格的每个部分（设计单元）将以所选类型的一个幕墙嵌板分别填充。

（6）完成后单击 Esc 键。

幕墙网格的放置类型：

（1）全部分段，如图 4 - 8 所示。

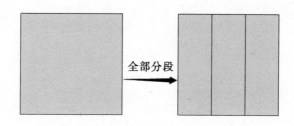

图 4 - 8

（2）一段，如图 4 - 9 所示。

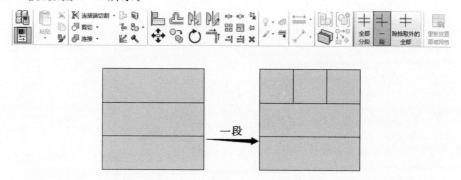

图 4 - 9

（3）用命令"除拾取外的全部"，添加或删除线段，如图 4 - 10 所示。

当我们需要添加或删除网格中的某一线段时，可以先选定这一线段所在的总线段，之后点击"修改｜幕墙网格"选项卡→"幕墙网络"面板→"添加/删除线段"，如图 4 - 11 所示。

选中需要添加或删除的某一线段单击鼠标来达到目的，如图 4 - 12 所示。

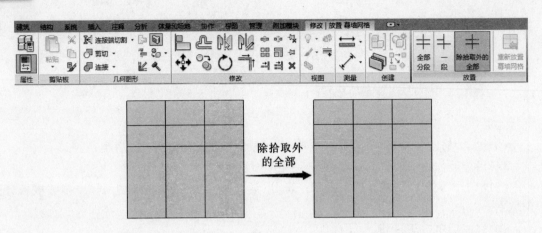

图 4 - 10

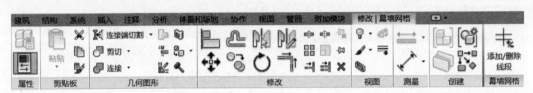

图 4 - 11

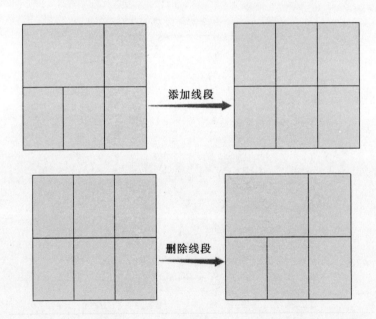

图 4 - 12

4.2.3 添加竖梃

1.竖梃

创建幕墙网格后,可以在网格线上放置竖梃,如图 4 - 13 所示。

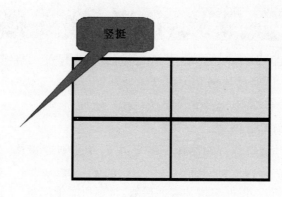

图 4 - 13

2.竖梃位置

单击"建筑"选项卡→"构建"面板→"竖梃",如图 4 - 14 所示。

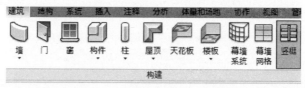

图 4 - 14

3.网格线

单击绘图区域中的网格线时,此工具将跨整个网格线放置竖梃,如图 4 - 15 所示。

图 4 - 15

4.单段网格线

单击绘图区域中的网格线时,此工具将在单击的网格线的各段上放置竖梃,如图 4 - 16 所示。

图 4 - 16

5.所有网格线

单击绘图区域中的任何网格线时,此工具将在所有网格线上放置竖梃,如图 4 - 17 所示。

图 4 - 17

4.3 复杂墙体的制作

墙可以包含多个垂直层或区域。每个层和区域的位置、厚度和材质都在"编辑部件"对话框中定义,该对话框可以通过墙的类型属性来访问。可以添加、删除或修改各个层和区域,或添加墙饰条和分隔缝,来自定义墙类型。

4.3.1 创建及修改墙体

首先在构造样板中建立墙体并调制在三维模式下,单击所建墙体,在属性栏中点击"编辑类型",再对构造当中的结构进行编辑。

点击"插入"来增加新行,以此来增加墙的层数,根据所需依次将"功能""材质""厚度"进行修改。通过选定新行调节"向上"或"向下"选项将"新行"移动至"内部边"或"外部边"。我们在这里将墙体分为三层,总宽设置成200mm。将新建的两个"新行"分别移动至"外部边"与"内部边"两侧并分别重新命名为"面层2[5]"与"面层1[4]"。其他数据如图4-18所示。

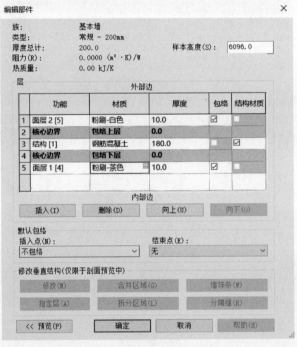

图 4-18

4.3.2 拆分墙体

点击预览将墙体的视图调制在"剖面:修改类型属性"下,点击"预览"上面的修改垂直结构中"拆分区域"选项对预览图像进行修改,点击所示墙体一侧进行拆分。如图4-19所示。

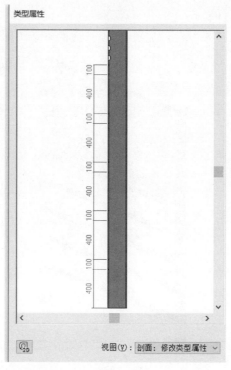

图 4 - 19

4.3.3 修改与指定层的应用

再建立一个新行,将其命名为"面层 2[5]",在修改拆分区域前先改变新行的"材质"为所需要的"材质"。先选定先前所建"新行"其中之一,点击"修改"选项,再选定新建的"新行",点击"指定层"并移动鼠标对预览图像中所需改动的拆分区域进行选定与修改。如图 4 - 20 所示。

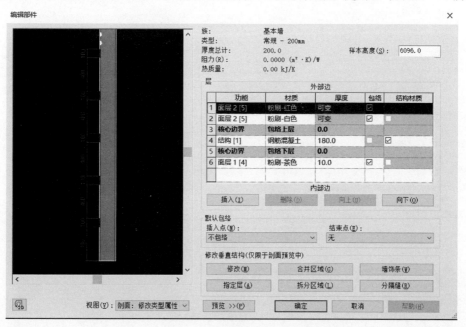

图 4 - 20

4.3.4 形成复杂墙体

当进行了上述操作,并点击"确定"完成后,所形成的复杂墙体如图 4－21 所示。

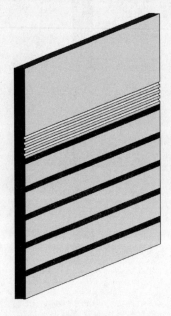

图 4－21

第5章 门和窗

在三维模型中,门窗的模型与它们的平面表达并不是对应的剖切关系,这说明门窗模型与平立面表达可以相对独立。此外,门窗在项目中可以通过修改类型参数,如门窗的宽和高,以及材质等,形成新的门窗类型。门窗主体为墙体,它们对墙具有依附关系,删除墙体,门窗也随之被删除。

在门窗构件的应用中,其插入点、门窗平立剖面的图纸表达、可见性控制等和门窗族的参数设置有关。所以,我们不仅需要了解门窗构件族的参数修改设置,还需要在未来的族制作课程中深入了解门窗族制作的原理。

5.1 插入门窗

门窗插入的技巧:只需在大致位置插入,通过修改临时尺寸标注或尺寸标注来精确定位,因为在 Revit 中具有尺寸和对象相关联的特点。

选择"建筑"选项卡,然后在"构建"面板中单击"门"或"窗"按钮,在类型选择器中选择所需的门、窗类型,如果需要更多的门、窗类型,可从库中载入。在选项栏中选择"在放置时进行标记"自动标记门窗,选择"引线"可设置引线长度。在墙主体上移动鼠标,当门位于正确的位置时单击"确定",如图 5-1 所示。

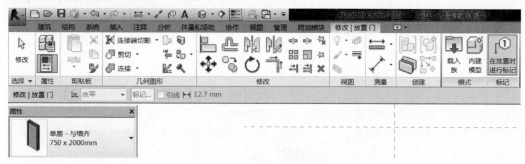

图 5-1

【提示】

(1)插入门窗时输入"SM",自动捕捉到终点插入。

(2)插入门窗时在墙内外移动鼠标改变内外开启方向,按空格键改变左右开启方向,如图 5-2 所示。

(3)拾取主体:选择"门",打开"修改|放置门"的上下文选项卡,选择"主体"面板的"拾取主体"命令,可更换放置门的主体,即把门移动放置到其他墙上。

(4)在平面插入窗,其窗台高为"默认窗台高"参数值。在立面上,可以在任意位置插入窗,在插入窗族时,立面出现绿色虚线框时,此时窗台高为"默认窗台高"参数值。

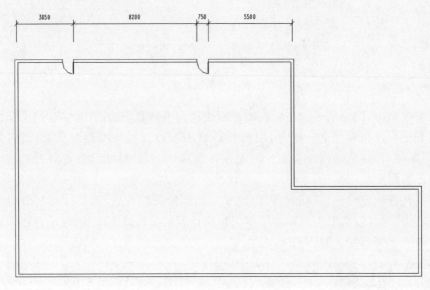

图 5-2

5.2 门窗编辑

5.2.1 修改门窗实例参数

选择门窗,自动激活"修改门/窗"选项卡,单击确定"图元"面板中的"图元属性"按钮,弹出"图元属性"对话框。可以修改所选择门窗的标高、底高度等实例参数。

以门为例:打开 Revit→新建"族"(见图 5-3)→"公制门"(见图 5-4)。

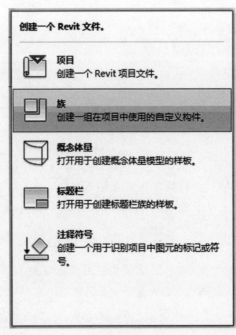

图 5-3

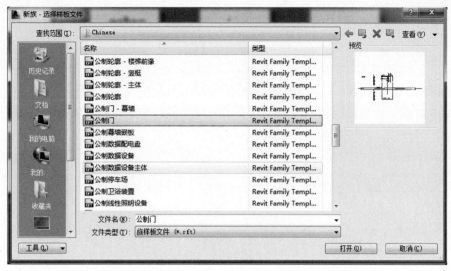

图 5 - 4

打开属性输入高度"2100"(见图 5 - 5),点击"项目浏览器"→"楼层平面"→"参照标高"→"设置"拾取一个平面,选择"放样"进行绘制(见图 5 - 6),输入放样范围,点击完成(见图 5 - 7)。

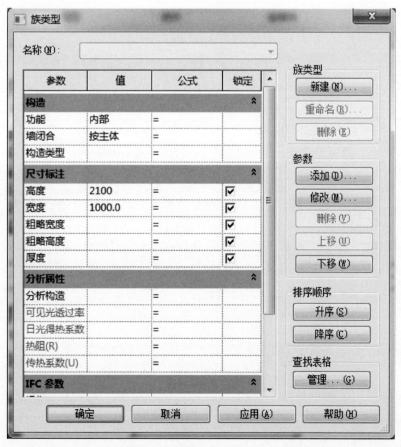

图 5 - 5

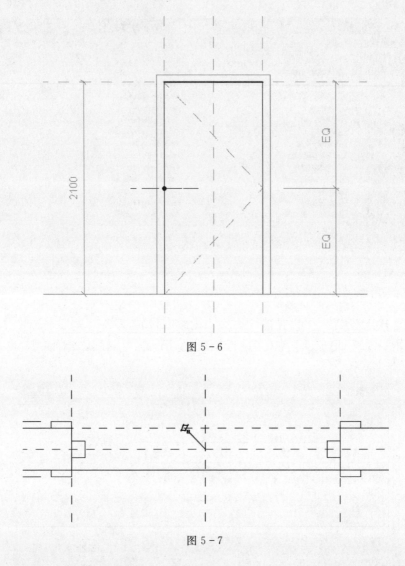

图 5-6

图 5-7

在"创建"选项栏中选择"拉伸"命令,偏移量分别为205、210、300,创建拉伸,点击"拉伸"绘制(见图5-8)。

点击"项目浏览器"→"楼层平面"→"参照标高"→中间图框,修改材质为玻璃(见图5-9),载入族。点击"建筑"→"门"→"门构件",选择把手,输入厚度、偏移量(见图5-10),点击完成。打开三维视图,如图5-11所示。

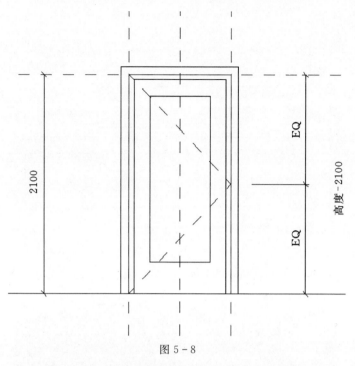

图 5 - 8

图 5 - 9

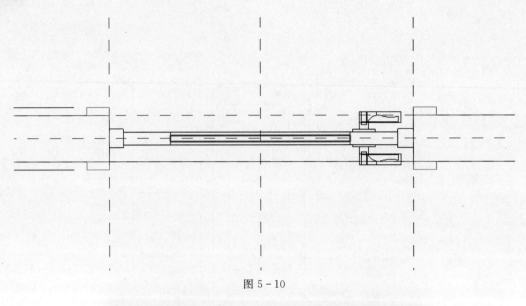

图 5 - 10

图 5 - 11

5.2.2 修改门窗类型参数

自动激活"修改门/窗"选项卡,在"图元"面板中选择"图元属性"命令,弹出"图元属性"对话框,单击"编辑类型"按钮,弹出"类型属性"对话框,然后再单击"复制"按钮创建新的门窗类型,修改门窗高度、宽度,窗台高度,框架、玻璃材质,竖挺可见性参数,然后点击"确定"。

【提示】

修改窗的实例参数中的底高度,实际上也就修改了窗台高度。在窗的类型参数中,通常"默认窗台高"这个类型参数并不受影响。

修改了类型参数中默认窗台高的参数值,只会影响随后再插入的窗户的窗台高度,对之前插入的窗户的窗台高度并不产生影响。

5.2.3　鼠标控制

选择门窗出现开启方向控制和临时尺寸,单击改变开启方向和位置尺寸。

用鼠标拖拽门窗改变门窗位置,墙体洞口自动修复,开启新的洞口。

第6章 房间和面积

房间和面积是建筑中重要的组成部分,本章使用房间、面积和颜色方案规划建筑的占用和使用情况,并执行基本的设计分析。

6.1 房间

6.1.1 创建房间

(1)打开平面视图。

(2)单击"建筑"选项卡→"房间和面积"面板→"房间",如图6-1所示。

图6-1

(3)在选项栏上执行下列操作:

对于"上限",指定将从其测量房间上边界的标高。

例如,如果要向标高1楼层平面添加一个房间,并希望该房间从标高1扩展到标高2或标高2上方的某个点,则可将"上限"指定为"标高2"。

对于从"上限"标高开始测量的"偏移",输入房间上边界距该标高的距离。输入正值表示向"上限"标高上方偏移,输入负值表示向其下方偏移。如图6-2所示。

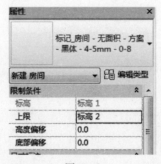

图6-2

(4)在绘图区域中单击以放置房间。如图6-3所示。

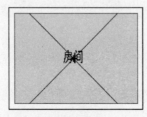

图6-3

6.1.2 选择房间

选择一个房间可检查其边界，修改其属性，将其从模型中删除或移至其他位置。

要选择一个房间，请将光标移至该房间上，直到其参照线显示，然后单击鼠标。也可以将光标放在房间周边上方，按 Tab 键循环切换选择，直到显示参照线，然后单击鼠标。如图 6-4 所示。

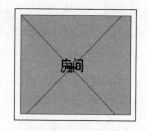

图 6-4

可以使用移动控制柄拖拽选定的房间，移动该房间。如果房间带有标记，可通过同时选择房间和标记并将其拖拽到新位置，使其一起移动。或者，在移动房间之前删除标记，然后在新位置对房间进行标记。

6.1.3 控制房间可见性

默认情况下，房间在平面视图和剖面视图中不会显示。但是，可以更改"可见性/图形"设置，使房间及其参照线在这些视图中可见。

(1)单击"视图"选项卡→"图形"面板→"可见性/图形"，如图 6-5 所示。

图 6-5

(2)在"可见性/图形替换"对话框的"模型类别"选项卡上，向下滚动至"房间"，然后单击以便展开。

(3)要在视图中使用内部填充颜色显示房间，请选择"内部填充"。

(4)要显示房间的参照线，请选择"参照"。

(5)单击"确定"。如图 6-6 所示。

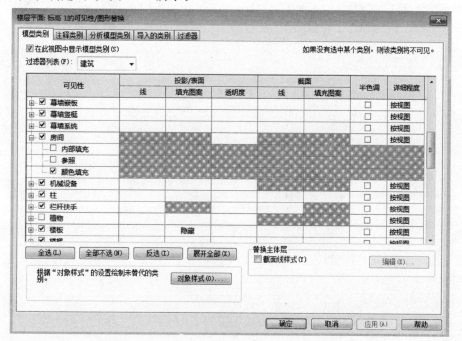

图 6-6

55

6.2　房间边界

使用"房间分隔线"工具可添加和调整房间边界。

房间分隔线是房间边界。在房间内指定另一个房间时,分隔线十分有用,如起居室中的就餐区,此时房间之间不需要墙。房间分隔线在平面视图和三维视图中可见。

如果创建了一个以墙作为边界的房间,则默认情况下,房间面积是基于墙的内表面计算得出的。

如果需要修改房间的边界,可修改模型图元的"房间边界"参数,或者添加房间分隔线。如图 6-7 所示。

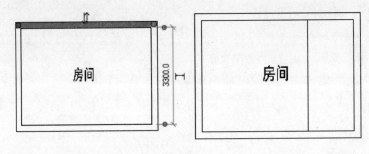

图 6-7

6.3　房间标记

对房间进行标记:选择"常用"选项卡,在"房间和面积"面板中单击"标记"下拉按钮,在弹出的下拉列表中选择"标记房间"选项。如图 6-8 所示。

图 6-8

对已添加的房间进行标记。如图 6-9 所示。

图 6-9

在添加房间的同时在"修改|房间"上下文选项卡会有"在放置时进行标记"的选项。如图 6-10 所示。

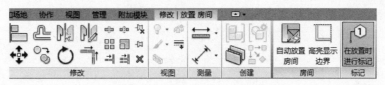

图 6-10

6.4 房间面积

Revit 可以计算房间的面积和体积,并将信息显示在明细表和标记中。

选择"建筑"选项卡→"房间和面积"面板下拉列表→"面积和体积计算",如图 6-11 所示。

图 6-11

在弹出的对话框中选择"面积方案"选项卡,单击"新建"按钮,如图 6-12 所示。

图 6-12

(1)单击"建筑"选项卡→"房间和面积"面板→"面积"下拉列表→"面积平面",如图 6-13所示。

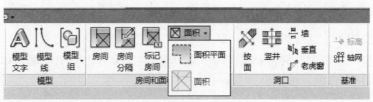

图 6-13

（2）在"新建面积平面"对话框中，选择面积方案作为"类型"。

（3）为面积平面视图选择楼层。如果选择了多个楼层，则 Revit 会为每个层创建单独的面积平面，并按面积方案在项目浏览器中将其分组。

（4）要创建唯一的面积平面视图，请选择"不复制现有视图"。要创建现有面积平面视图的副本，可清除"不复制现有视图"复选框。

（5）选择面积平面比例作为"比例"。

（6）单击"确定"，如图 6-14 所示。

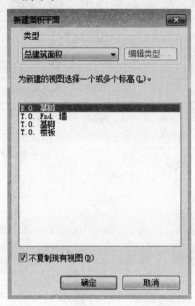

图 6-14

按照操作进行之后会出现如图 6-15 所示的对话框，单击"是"按钮则会开始创建整体面积平面；单击"否"按钮则需要手动绘制面积边界线。

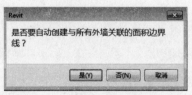

图 6-15

添加面积标记：

（1）打开一个面积平面视图。

（2）单击"建筑"选项卡→"房间和面积"面板→"标记面积"下拉列表→"标记面积"，如图 6-16 所示。

（3）在面积中单击以放置标记，如图 6-17 所示。

注：如果要在区域重叠的位置单击以放置标记，则只会标记一个区域。如果当前模型中的区域和链接模型中的区域重叠，则标记当前模型中的区域。

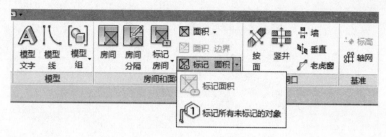

图 6-16

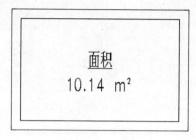

图 6-17

6.5 颜色方案

6.5.1 创建颜色方案

(1)为房间创建房间标记,如图 6-18 所示。

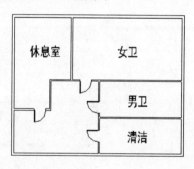

图 6-18

(2)单击"建筑"选项卡,在"房间和面积"面板单击下拉按钮,如图 6-19 所示。在下拉列表中选择"颜色方案"选项,打开"编辑颜色方案"对话框,在"方案"→"类别"下拉列表中选择"房间",单击"方案 1",然后,在"方案定义"→"颜色"下拉列表中选择"名称"后,系统会自动创建颜色方案,如图 6-20 所示。

(3)在"楼层平面"的"属性"对话框中,选择"图形"列表中的"颜色方案",单击"编辑"进入"编辑颜色方案"对话框,在"方案"→"类别"下拉列表中选择"房间",单击"方案 1",然后,在"方案定义"→"颜色"下拉列表中选择"名称",单击"确定",其房间颜色被填充,如图6-21所示。

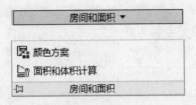

图 6-19

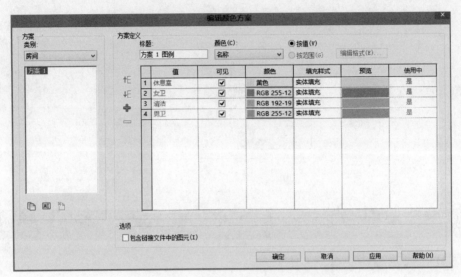

图 6-20

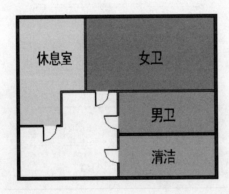

图 6-21

6.5.2 放置颜色方案图例

放置颜色方案图例的方法有两种：

(1)单击"注释"选项卡→"颜色填充"面板→"颜色填充 图例"，可进行放置"颜色方案图例"，如图 6-22 所示。

(2)单击"分析"选项卡→"颜色填充"面板→"颜色填充 图例"，可进行放置"颜色方案图例"，如图 6-23 所示。

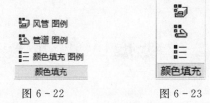

图 6-22   图 6-23

创建结果如图 6-24 所示。

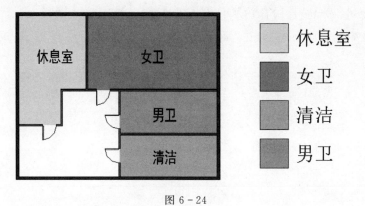

图 6-24

第7章　楼板的创建及编辑

7.1　创建楼板

若要创建楼板,请拾取墙或使用绘制工具绘制其轮廓来定义边界。

(1)单击"建筑"选项卡→"构建"面板→"楼板"下拉列表→"楼板:建筑",如图7-1所示。

图7-1

(2)使用以下方法之一绘制楼板边界:

①单击"建筑"选项卡→选择"楼板"下的"楼板:建筑"→"修改|创建楼层边界"选项卡→点击直线、矩形或者其他的工具,绘制出封闭的区域→点击"√"按钮→完成墙体的绘制,如图7-2所示。

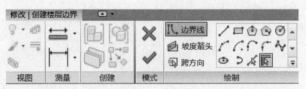

图7-2

②拾取墙:默认情况下,"拾取墙"处于活动状态。如果它不处于活动状态,请单击"修改|创建楼层边界"选项卡→"绘制"面板→"拾取墙"。在绘图区域中选择要用作楼板边界的墙。如图7-3所示。

③拾取线:单击"建筑"选项卡→选择"楼板"下的"楼板:建筑"→"修改|创建楼层边界"选项卡→拾取线→选择直线绘制封闭的区域,如图7-4所示。

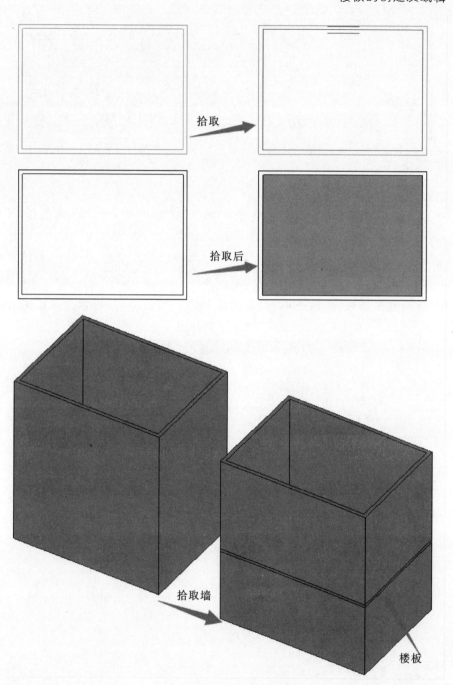

图 7 - 3

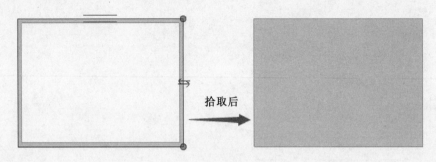

图 7-4

（3）在选项栏上，指定楼板边缘的偏移作为"偏移"。使用"拾取墙"时，可选择"延伸到墙中（至核心层）"测量到墙核心层之间的偏移距离。

7.2 编辑楼板

首先选定所建的楼板，然后选择"编辑边界"命令，如图 7-5 所示。开始进行楼板的编辑。

图 7-5

查看工具提示和状态栏，确保选择了该楼板而不是其他图元。如果需要，可使用筛选器选择楼板。使用绘制工具对该楼板的边界进行修改和进行自己所需的修改，如图 7-6 所示。（注：必须保证所绘制的边界是封闭的不重合的图形。）

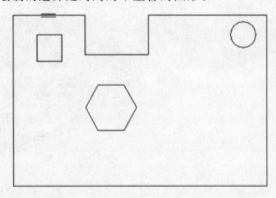

图 7-6

绘制完成后点击"√"确定，如图 7-7 所示。

在三维模式中可以看到实体板，如图 7-8 所示。

图 7-7

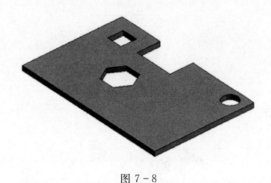

图 7-8

7.3 楼板边缘

单击"建筑"选项卡→"构建"面板→"楼板"下拉列表→"楼板:楼板建筑",绘制楼板,绘制完成后点击"√"确定。然后单击"建筑"选项卡→"构建"面板→"楼板"下拉列表→"楼板:楼板边缘",开始绘制楼板边缘。可以选取系统中已有的楼板边缘,也可以新建族绘制自己所需的楼板边缘,可以通过选取楼板的水平边缘来添加楼板边缘。可以将楼板边缘放置在二维视图(如平面或剖面视图)中,也可以放置在三维视图中。效果如图7-9所示。

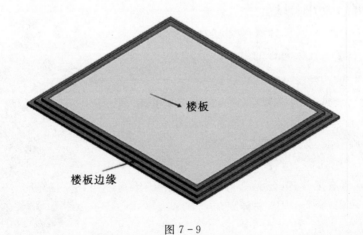

图 7-9

7.3.1 在楼板(屋顶、天花板)剪切洞口

(1)单击"结构"选项卡→"洞口"面板→[图标](按面),或单击"建筑"选项卡→"洞口"面板→[图标](按面)。

(2)选择一个结构楼板。

（3）使用"修改|创建洞口边界"选项卡→"绘制"面板上的绘制工具，绘制一个结构楼板洞口，如图7-10所示。

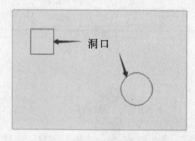

图7-10

（4）绘制完成后点击"模式"面板中的"√"确定，效果如图7-11所示。

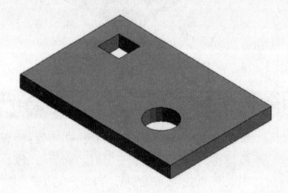

图7-11

7.3.2 剪切竖井洞口

使用"竖井"工具可以放置跨越多层楼板的洞口，洞口同时贯穿屋顶、楼板或天花板的表面。

（1）单击"建筑"选项卡→"洞口"面板→ 田。

（2）通过绘制线或拾取墙来绘制竖井洞口。默认情况下，竖井的墙底定位标高是当前激活的平面视图的标高。例如，如果在楼板或天花板平面启动"竖井洞口"工具，则默认墙底定位标高为当前标高。如果在剖面视图或立面视图中启动该工具，则默认墙底定位标高为"转到视图"对话框中选定的平面视图的标高。

（3）绘制完竖井后，单击"完成洞口"，如图7-12所示。

图7-12

第 8 章　屋顶与天花板的创建

8.1　屋顶概述

1. 屋顶的组成

屋顶主要由屋面防水层和支撑结构组成。

2. 屋顶的类型

(1)迹线屋顶：创建屋顶时用建筑迹线定义其边界。

(2)拉伸屋顶：通过拉伸绘制的轮廓来创建屋顶。

(3)面屋顶：使用非垂直的体量面创建屋顶。

8.2　创建屋顶

8.2.1　绘制迹线屋顶

(1)显示楼层平面视图或天花板平面视图。

(2)单击“建筑”选项卡→“构建”面板→“屋顶”下拉列表→(迹线屋顶)。

注：一定要在最低标高以上添加屋顶，否则软件将提出警告。

(3)在“绘制”面板上，选择某一绘制或拾取工具。若要在绘制之前编辑屋顶属性，请使用“属性”选项板，如图 8-1 所示。

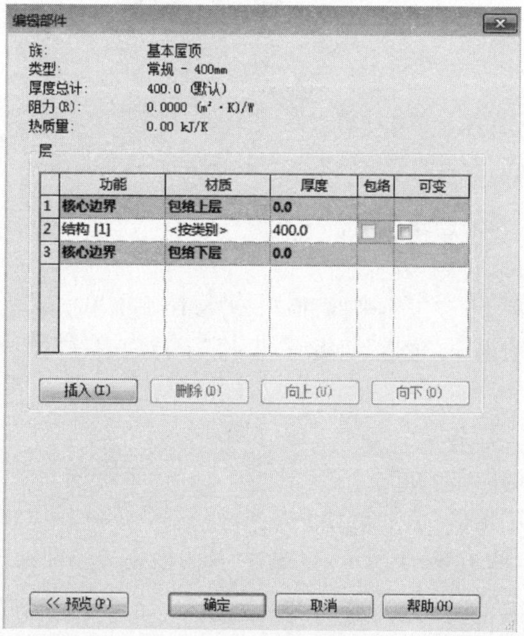

图 8-1

（4）为屋顶绘制或拾取一个闭合环。

（5）指定坡度定义线。要修改某一线的坡度定义，请选择该线，在"属性"选项板上"限制条件"中单击"定义屋顶坡度"，然后可以修改"与屋顶基准的偏移"的值。或将某条屋顶线选定并设置为坡度定义线，它的旁边便会出现符号 ，点击该符号修改坡度值。如图 8-2 所示。

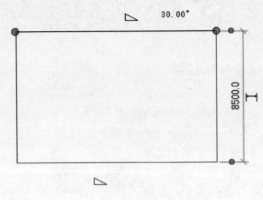

图 8-2

（6）单击 （完成编辑模式），然后打开三维视图，如图 8-3 所示。

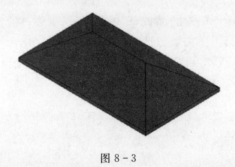

图 8-3

8.2.2 绘制拉伸屋顶

通过拉伸绘制的轮廓来创建屋顶。

（1）显示楼层平面视图。

（2）单击"建筑"选项卡→"工作平面"面板→"参照平面"选项，绘制一条参照线。

（3）单击"建筑"选项卡→"构建"面板→"屋顶"下拉列表→"拉伸屋顶"。

（4）指定参照线。

（5）在"转到视图"中任选一个立面，打开视图。

（6）在"屋顶参照标高和偏移"对话框中，为"标高"选择一个值。默认情况下，将选择项目中最高的标高。调节"偏移"值来相对于参照标高提升或降低屋顶。

（7）绘制屋顶轮廓，如图 8-4 所示。（图 8-4 为使用样条曲线工具绘制的屋顶轮廓。）

（8）单击 （完成编辑模式），然后打开三维视图，如图 8-5 所示。

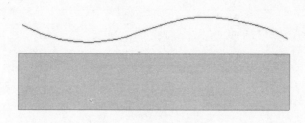

图 8 - 4

图 8 - 5

8.3　屋顶檐底板

1.添加檐底板

可以将檐底板与其他图元(例如墙和屋顶)关联。如果更改或移动了墙或屋顶,檐底板也将相应地进行调整。

还可以创建与其他图元不相关联的檐底板。要创建非关联屋檐底板,请在草图模式中使用"线"工具。

可以通过绘制坡度箭头或修改边界线的属性来创建倾斜檐底板。

(1)单击"建筑"选项卡→"构建"面板→"屋顶"下拉列表→▽(屋顶:檐底板)。

(2)单击"修改|创建屋檐底板边界"选项卡→"绘制"面板→▮▮(拾取屋顶边),此工具将创建锁定的绘制线。

(3)高亮显示屋顶并单击选择它,如图 8 - 6 所示。

图 8 - 6

2.檐底板类型属性

可以对屋檐底板类型属性进行修改,如图 8 - 7 所示。

图 8 - 7

3.檐底板实例属性

修改实例属性来更改单个檐底板的标高、偏移、坡度和其他属性。若要修改实例属性,请在"属性"选项板上选择图元并修改其属性。

8.4 屋顶封檐带

(1)新建族→选择"公制轮廓"→在界面上绘制需要的封檐带形状(必须封闭),如图 8-8 所示。

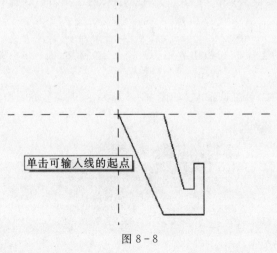

单击可输入线的起点

图 8 - 8

（2）选择载入项目→单击"建筑"选项卡里"屋顶"→"封檐板"→在"属性"栏里点击编辑类型→选择轮廓下拉框里载入的族→点击确定。如图8-9所示。

图8-9

（3）单击需要添加檐板的屋顶边，完成绘制，可以在三维视图下看到真实效果，如图8-10所示。

封檐板

图8-10

8.5 创建天花板

8.5.1 绘制天花板

在"建筑"选项卡下选择"天花板"，使用"天花板"工具在天花板投影平面视图中创建天花板，如图8-11所示。

（1）打开天花板平面视图。

（2）单击"建筑"选项卡→"构建"面板→"天花板"。

（3）在"类型选择器"中，选择一种天花板类型。

图 8-11

（4）请使用下列方法之一放置天花板：①将墙用作天花板边界；②单击"绘制"面板中"边界线"工具，在绘图区域绘制天花板轮廓。

（5）默认情况下，"自动天花板"工具处于活动状态。在单击构成闭合环的内墙时，该工具会在这些边界内部放置一个天花板，而忽略房间分隔线，如图 8-12 所示。

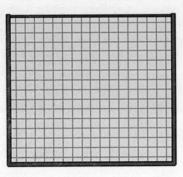

图 8-12

绘制天花板边界：

（1）单击"修改|放置天花板"选项卡→"天花板"面板→![icon]（绘制天花板）。

（2）使用功能区上"绘制"面板中的工具，可以绘制用来定义天花板边界的闭合环。

（3）（可选）要在天花板上创建洞口，请在天花板边界内绘制另一个闭合环，如图 8-13 所示。

（4）在功能区上，单击![icon]（完成编辑模式），如图 8-14 所示。

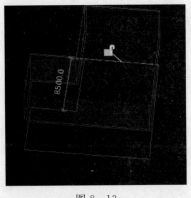

图 8-13

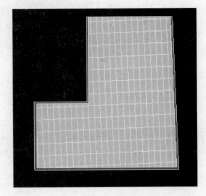

图 8-14

8.5.2 编辑天花板

在"属性"中点击"编辑类型"，如图 8-15 所示。

对天花板结构、填充样式、填充颜色进行编辑，如图 8-16 所示。

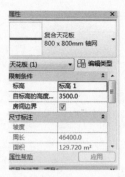

图 8－15

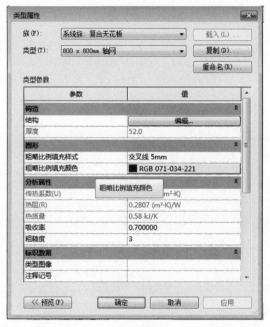

图 8－16

8.6 创建老虎窗

（1）在"建筑"选项卡下"洞口"面板选择"老虎窗"命令，在添加老虎窗后，为其剪切一个穿过屋顶的洞口，如图 8－17 所示。

图 8－17

（2）高亮显示建筑模型上的主屋顶，然后单击以选择它。查看状态栏，确保高亮显示的是主屋顶。如图 8－18 所示。

（3）使"拾取屋顶/墙边缘"工具处于活动状态，可以拾取构成老虎窗洞口的边界。

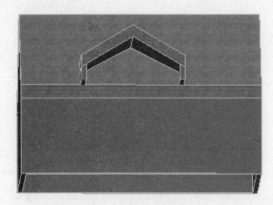

图 8-18

　　(4)将光标放置到绘图区域中。高亮显示了有效边界。有效边界包括连接的屋顶或其底面、墙的侧面、楼板的底面、要剪切的屋顶边缘或要剪切的屋顶面上的模型线。

　　(5)在此示例中,已选择墙的侧面和屋顶的连接面。请注意,不必修剪绘制线即可拥有有效边界。如图 8-19 所示。

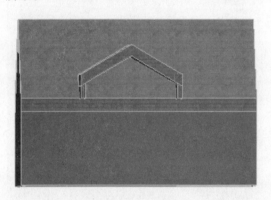

图 8-19

　　(6)单击"√"(完成编辑模式)。如图 8-20 所示。

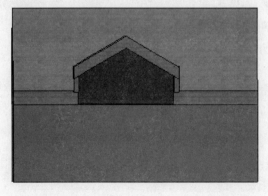

图 8-20

第9章 楼梯、栏杆、扶手

本章对楼梯、栏杆、扶手的创建及编辑方法进行了详细的讲解,对在实际中的具体操作也进行了演示,这有助于读者更快上手,熟练操作。

9.1 楼梯

9.1.1 创建楼梯

首先,在"建筑"选项卡下"楼梯坡道"面板中选择"楼梯"命令,如图9-1所示。

图9-1

点击"楼梯"的下拉按钮,会出现两种绘制模式(按构件和按草图),如图9-2所示。

图9-2

选择楼层平面开始绘制楼梯,在"属性"框里设定所需要楼梯的相关数据(底部标高、底部偏移、顶部标高、顶部偏移、所需踢面数、踏板深度、楼梯宽度等相关数据),设置完成后开始绘制楼梯,根据自己所需绘制单跑、双跑、三跑或多跑楼梯(单跑楼梯就是第一个楼层平台到第二个楼层平台,只有一个梯段。单跑是指连接上下层的楼梯梯段中途不改变方向,无论中间是否有休息平台;双跑是中间经过休息平台改变一次方向的楼梯),此处以双跑楼梯为例,在楼层平面选择对应标高开始绘制,将楼梯绘制为两段,并切换到三维模式查看所绘制的楼梯,如图9-3所示。

绘制完成后点击"√"确定,在楼梯边沿会自动生成扶手,如图9-4所示。

选择删除不需要的扶手或全部扶手,如图9-5所示。

完成删除后,可以继续绘制下一标高的楼梯。

单跑楼梯(相邻两标高间只有一段楼梯),如图9-6所示。

三跑楼梯(相邻两标高间有三段楼梯),如图9-7所示。

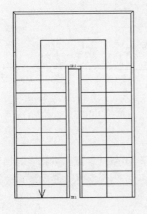

图 9 - 3

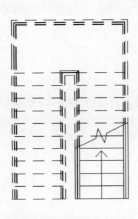

图 9 - 4

栏杆扶手

图 9 - 5

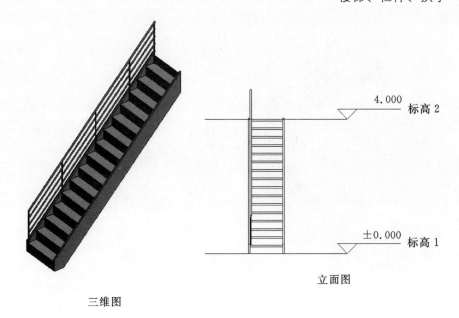

三维图   立面图

图 9 - 6

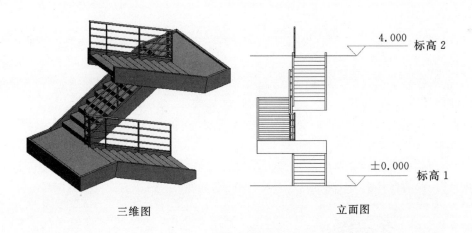

三维图   立面图

图 9 - 7

9.1.2 弧形楼

(1)在"建筑"选项卡下"楼梯坡道"面板中选择"楼梯"命令,进入绘制楼梯草图模式。

(2)选择楼层平面开始绘制楼梯,点击"属性"→"编辑类型"中创建所需要楼梯,设置类型属性参数:底部标高、底部偏移、顶部标高、顶部偏移、所需踢面数、踏板深度、楼梯宽度、材质、文字等,设置完成后开始绘制楼梯。

(3)绘制中心点、半径、起点位置参照平面,以便精确定位。

(4)单击"绘制"面板下的"梯段"按钮,选择"圆心-端点弧",开始创建弧形楼梯。

(5)确定弧形楼梯梯段的中心点、起点、终点位置,绘制梯段,如有休息平台,则分段绘制,绘制完成点击"√"确定,如图 9 - 8 所示。

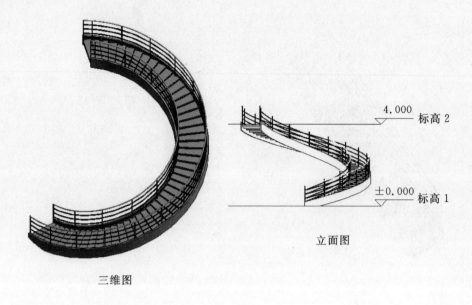

4.000 —— 标高2

±0.000 —— 标高1

立面图

三维图

图 9 - 8

9.1.3 旋转楼梯

（1）在"建筑"选项卡下"楼梯坡道"面板中选择"楼梯"命令，选择构件面板下的 ，如图 9 - 9 所示。

（2）选择楼层平面开始绘制楼梯，点击"属性"→"编辑类型"中创建所需要楼梯，设置类型属性参数：底部标高、底部偏移、顶部标高、顶部偏移、所需踢面数、踏板深度、楼梯宽度、材质、文字等，设置完成后开始绘制楼梯。

图 9 - 9

（3）确定旋转楼梯梯段的中心点、起点、终点位置，绘制梯段，如有休息平台，则分段绘制，绘制完成点击"√"确定，如图 9 - 10 所示。

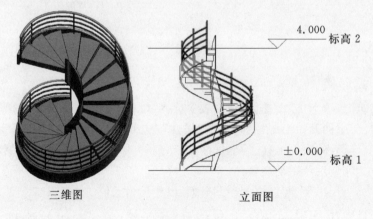

4.000 —— 标高2

±0.000 —— 标高1

三维图   立面图

图 9 - 10

9.2 坡道

9.2.1 直坡道

(1)首先,在"建筑"选项卡下"楼梯坡道"面板中选择"坡道"命令,如图9-11所示。

图 9-11

(2)选择楼层平面开始绘制坡道,点击"属性"→"编辑类型"中创建所需要坡道,设置类型属性参数:底部标高、底部偏移、顶部标高、顶部偏移、坡道最大坡度、坡道宽度、材质、文字等,设置完成后开始绘制坡道。

(3)根据自己所需绘制单跑、双跑、三跑或多跑坡道。此处以双跑坡道为例,在楼层平面选择对应标高开始绘制,从F1标高到F2标高将坡道绘制为两段,并切换到三维模式查看所绘制的梯段,如图9-12所示。

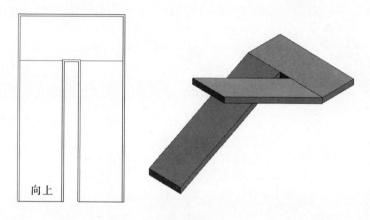

图 9-12

(4)绘制完成后点击"√"确定,在坡道边沿会自动生成扶手,如图9-13所示。

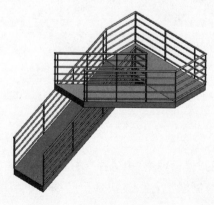

图 9-13

选择删除不需要的扶手或全部扶手,如图9-14所示。

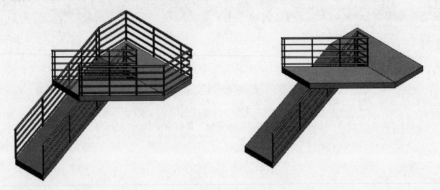

图9-14

完成删除后,可以继续绘制下一标高的坡道。

单跑坡道(相邻两标高间只有一段梯段),如图9-15所示。

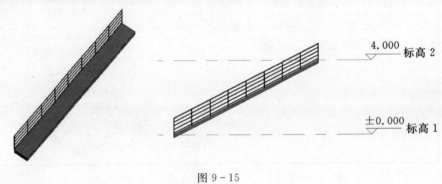

图9-15

三跑坡道(相邻两标高间有三段梯段),如图9-16所示。

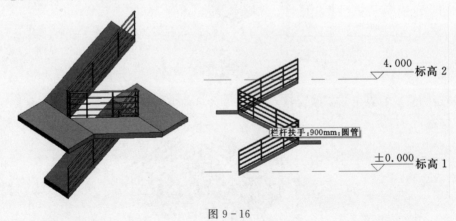

图9-16

9.2.2 弧形坡道

(1)在"建筑"选项卡下的"楼梯坡道"中选择"坡道"命令,进入绘制坡道草图模式。

(2)选择楼层平面开始绘制坡道,点击"属性"→"编辑类型"中创建所需要坡道,设置类型属性参数:底部标高、底部偏移、顶部标高、顶部偏移、坡道最大坡度、坡道宽度、材质、文字等,设置完成后开始绘制坡道。

(3)绘制中心点、半径、起点位置参照平面,以便精确定位。

(4)单击"绘制"面板下的"梯段"按钮,选择"圆心-端点弧 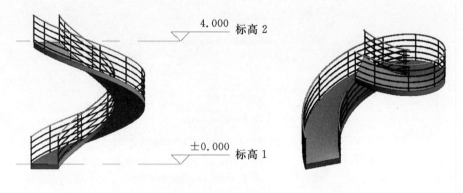",开始创建弧形坡道。

(5)确定弧形坡道的中心点、起点、终点位置,绘制梯段,如有休息平台,则分段绘制,绘制完成点击"√"确定,如图9-17所示。

图9-17

9.3 扶手

9.3.1 创建扶手

单击"建筑"选项卡下的"楼梯坡道"面板中的"栏杆扶手"按钮,进入绘制扶手轮廓模式,如图9-18所示。

图9-18

用"线"绘制工具绘制连续的扶手轮廓线(平段和斜段要分开绘制),单击"完成绘制"按钮创建扶手,如图9-19所示。

图9-19

9.3.2 编辑扶手

单击选择扶手,然后单击"修改|栏杆扶手"选项卡下的"编辑"面板中的"编辑路径"按钮,编辑扶手轮廓线(位置、长短),如图9-20所示。

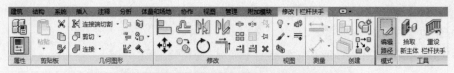

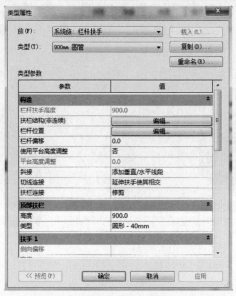

图 9-20

点击"插入"按钮，单击选项卡中的"从库中载入"面板中的"载入族"按钮，载入所需要类型的栏杆、扶手族。单击选择扶手，在"属性"面板中点击"类型属性"，弹出"类型属性"对话框，编辑类型属性，如图 9-21 所示。

图 9-21

在"类型属性"对话框中单击"扶手结构"栏对应的"编辑"按钮，弹出"编辑扶手"对话框，编辑扶手结构：插入新扶手或复制现有扶手，设置扶手名称、高度、偏移、轮廓、材质等参数，调整扶手上、下位置，如图 9-22 所示。

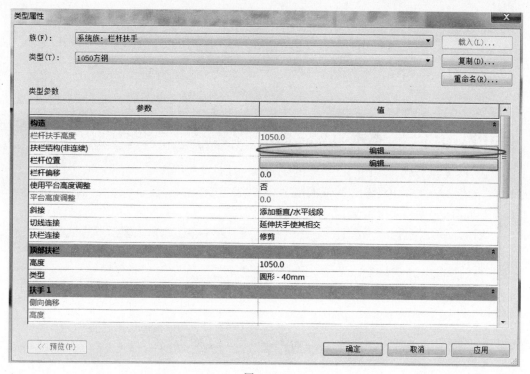

图 9 - 22

第10章 场地

10.1 场地的设置

单击"体量和场地"选项卡下"场地模型"面板中的"按视图设置显示体量"按钮,弹出"场地设置"对话框。在其中设置等高线间隔值,经过高程,添加自定义等高线,剖面填充样式,基础土层高程,角度显示等参数,如图 10-1 所示。

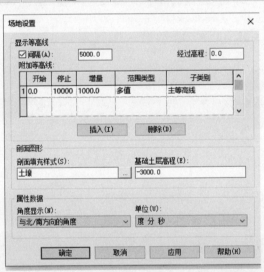

图 10-1

10.2 地形表面的创建

10.2.1 拾取点创建

打开"场地"平面视图,单击"体量和场地"选项卡下"场地建模"面板中的"场地表面"按钮,进入绘图模式。

单击"工具"面板中的"放置点"按钮,在选项栏 高程 0.0 绝对高程 ∨ 中设置高程值,单击放置点,连续放置生成等高线。修改高程值,放置其他点。

单击"表面属性"按钮,在弹出的"属性对话框"中设置材质,单击"完成表面"按钮,完成创建,如图 10-2 所示。

图 10 - 2

10.2.2　导入地形表面

（1）打开"场地"平面视图，单击"插入"选项卡下"导入"面板中的"导入 CAD"按钮，如果有 CAD 格式的三维等高数据，也可以导入三维等高线数据。

（2）单击"体量和场地"选项卡下"场地模型"面板中的"地形表面"按钮，进入绘制模式。

（3）单击"通过导入创建"下拉按钮，在弹出的下拉列表中选择"选择导入实例"选项，选择已导入的三维等高线数据，如图 10 - 3 所示。

图 10 - 3

（4）系统自动生成选择绘图区域中已导入的三维等高线数据。

（5）此时弹出的"从所选图层添加点"对话框，选择要将高程点应用到的图层，并单击"确定"按钮。

（6）分析已导入的三维等高线数据，并根据沿等高线放置的高程点来生成一个地形表面。

（7）单击"地形属性"按钮设置材质，完成表面。

10.2.3　地形表面子面域

子面域用于地形表面定义一个面积。子面域不会定义单独的表面，它可以定义一个面积，用户可以为该面积定义不同的属性，如材质等。要将地形表面分割成不同的表面，可以使用"拆分表面"工具。

（1）单击"体量和场地"选项卡下"修改场地"面板中的"子面域"按钮进入绘制模式。

（2）单击"线"绘制按钮，绘制子面域边界轮廓线。

（3）单击"子面域属性"按钮设置子面域材质，完成绘制。

（4）设置附着材质"场地-水"，如图 10-4 所示。

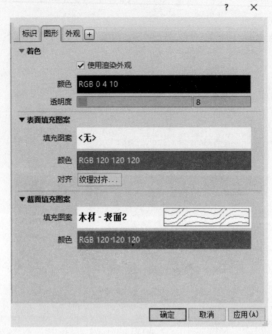

图 10-4

10.3 地形的编辑

10.3.1 拆分表面

将地形表面拆分成两个不同的表面，以便可以独立编辑每个表面。拆分之后，可以将不同的表面分配给这些表面，以便表示道路、湖泊，也可以删除地形表面的一部分，如果要在地形表面框出一个面积，则无须拆分表面，用子面域即可。

（1）打开"场地"平面视图或三维视图，单击"体量和场地"选项卡下"修改场地"面板中的"拆分表面"按钮，选择要拆分的地形表面进入绘制模型。

（2）单击"线"绘制按钮，绘制表面边界轮廓。

（3）单击"表面属性"按钮设置新表面材质，完成绘制。

10.3.2 合并表面

单击"体量和场地"选项卡下"修改场地"面板中的"合并表面"按钮，勾选选项栏上的复选框。选择要合并的主表面，再选择次表面，两个表面合二为一。

10.3.3 平整区域

打开"场地"平面视图，单击"体量和场地"选项卡下"修改场地"面板中的"平整区域"按钮，在"编辑平整区域"对话框中选择下列选项之一：①创建与现有地形表面相同的新地形表面；②仅基于周界点创建新地形表面，如图 10-5 所示。

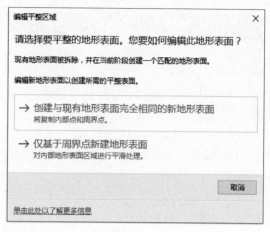

图 10-5

选择地形表面进入绘图面模式,做添加或删除点,修改点的高程或简化表面等编辑,完成绘制。

10.3.4 建筑地坪

(1)单击"体量和场地"选项卡下"场地建模"面板中的"建筑地坪"按钮,进入绘制模型。

(2)单击"拾取墙"或"线"绘制按钮,绘制封闭的地坪轮廓线。

(3)单击"属性"按钮设置相关参数,完成绘制,如图 10-6 所示。

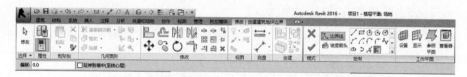

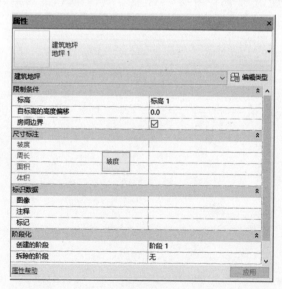

图 10-6

10.4　建筑红线

10.4.1　绘制建筑红线

(1)单击"体量和场地"选项卡下"修改场地"面板中的"建筑红线"下拉按钮,在弹出的下拉列表框中选择"通过绘制方式创建"选项进入绘制模式。

(2)单击"线"绘制按钮,绘制封闭的建筑红线轮廓线,完成绘制。

(3)在"创建建筑红线"对话框中选择"通过输入距离和方向角来创建"选项,如图10-7所示。

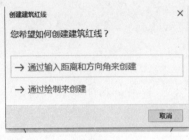

图 10-7

(4)在弹出的"建筑红线"对话框中单击"插入"按钮,然后从测量数据中添加距离和方向角。

10.4.2　用测量数据创建建筑红线

(1)单击"体量和场地"选项卡下"修改场地"面板中的"建筑红线"下拉按钮,在弹出的下拉列表框中选择"通过输入距离和方向角来创建"选项。

(2)单击"插入"按钮,添加测量数据,并设置直线、弧线边界的距离、方向、半径等参数,如图10-8所示。

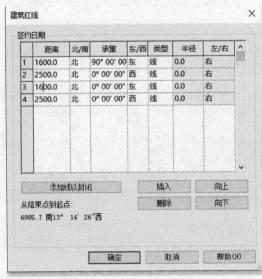

图 10-8

（3）调整顺序，如果边界没有闭合，单击"添加线以封闭"按钮。

（4）确定后，选择红线到所需要的位置。

10.4.3　建筑红线明细表

单击"视图"选项卡下"创建"面板中的"明细表"下拉按钮，在弹出的下拉列表框中选择"明细表/数量"选项。选择"建筑红线"或"建筑红线线段"选项，可以创建建筑红线、建筑红线线段明细表。

10.5　场地构件

10.5.1　添加场地构件

打开"场地"平面视图，单击"体量和场地"选项卡下"场地建模"面板中的"场地构件"下拉按钮，在弹出的下拉列表框中选择所需的构件，如树木、RPC人物，单击放置构件。

如列表中没有所需的构件，可以从库中载入，也可定义自己的场地构件族文件，如图10-9所示。

图 10-9

10.5.2　添加停车场构件

（1）打开"场地"平面，单击"体量和场地"选项卡下"场地建模"面板中的"停车场构件"下拉按钮。

（2）在弹出的下拉列表框中选择所需不同的停车场构件，单击放置构件。可以用复制、阵列命令放置多个停车场构件。

（3）选择所有停车场构件，然后单击"主体"面板中的"设置主体"按钮，选择地形表面，停车场构件将附着在表面上。

10.5.3　标记等高线

（1）打开"场地"平面，单击"体量和场地"选项卡下"修改场地"面板中的"标记等高线"按钮，绘制一条和等高线相交的线条，自动生成等高线标签。

（2）选择等高线标签，出现一条亮显的虚线，用鼠标拖拽虚线的端点控制柄调整虚线位置，等高线标签自动更新。

第11章 渲染漫游

在 Revit Architecture 中,利用现有的三维模型,还可以创建效果图和漫游动画,全方位展示建筑师的创意和设计成果。因此,在一个软件环境中既可完成从施工图设计到可视化设计的所有工作,又改善了以往几个软件中操作所带来的重复劳动、数据流失等弊端,提高了设计效率。

Revit Architecture 集成了 Mental Ray 渲染器,可以生成建筑模型的照片级正式感图像,可以及时看到设计效果,从而可以向客户展示设计或将它与团队成员分享。Revit Architecture的渲染设置非常容易操作,只需设置真实的地点、日期、时间和灯光即可渲染三维及相机透视图试图。设置相机路径,即可创建漫游动画,动态查看与展示项目设计。

本章重点讲解设计表现内容,包括材质设计、给构件赋予材质、创建室内外相机视图、室内外渲染场景设置及渲染,以及项目漫游的创建与编辑方法。

11.1 渲染

渲染之前,一般先要创建相机透视图,生成渲染场景。

11.1.1 创建透视图

(1)打开一个平面视图、剖面视图或立面视图,并且平铺窗口。

(2)在"视图"选项卡下"创建"面板的"三维视图"下拉列表中选择"相机"选项。

(3)在平面视图绘图区域中单击放置相机并将光标拖拽到所需目标点。

(4)光标向上移动,超过建筑最上端,单击放置相机视点。选择三维视图的视口,视口各边超过建筑后释放鼠标,视口被放大。至此创建了一个正面相机透视图,如图11-1所示。

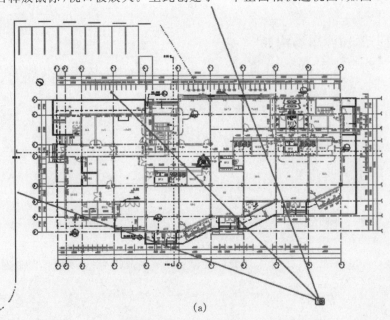

(a)

(b)

图 11-1

（5）在立面视图中按住相机可以上下移动，相机的视口也会跟着上下摆动，由此可以创建鸟瞰透视图，如图 11-2 所示。

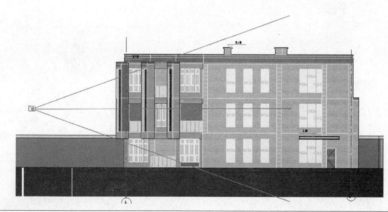

图 11-2

（6）使用同样的方法在室内放置相机就可以创建室内三维透视图，如图11-3所示。

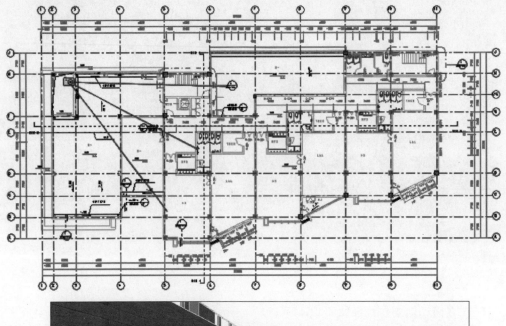

图 11-3

11.1.2 材质的替换

在渲染之前，需要先给构件设置材质。材质用于定义建筑模型中图元的外观，Revit Architecture提供了默认的材质库，可以从中选择材质，也可以新建自己所需的材质。

（1）单击"管理"选项卡下"设置"面板中的"材质"按钮，弹出"材质"对话框，如图11-4所示。

（2）在"材质"对话框左侧材质列表中选择物理性质类似的墙体："外墙饰面砖"材质，单击"材质"对话框左下角的"复制"按钮，弹出"复制 Revit 材质"对话框，如图11-5所示。

（3）材质名称默认为"墙体-普通砖2"，输入新名称"外墙饰面砖"，单击"确定"按钮，创建新的材质名称。

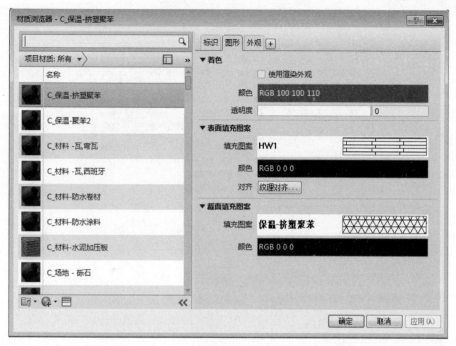

图 11 - 4

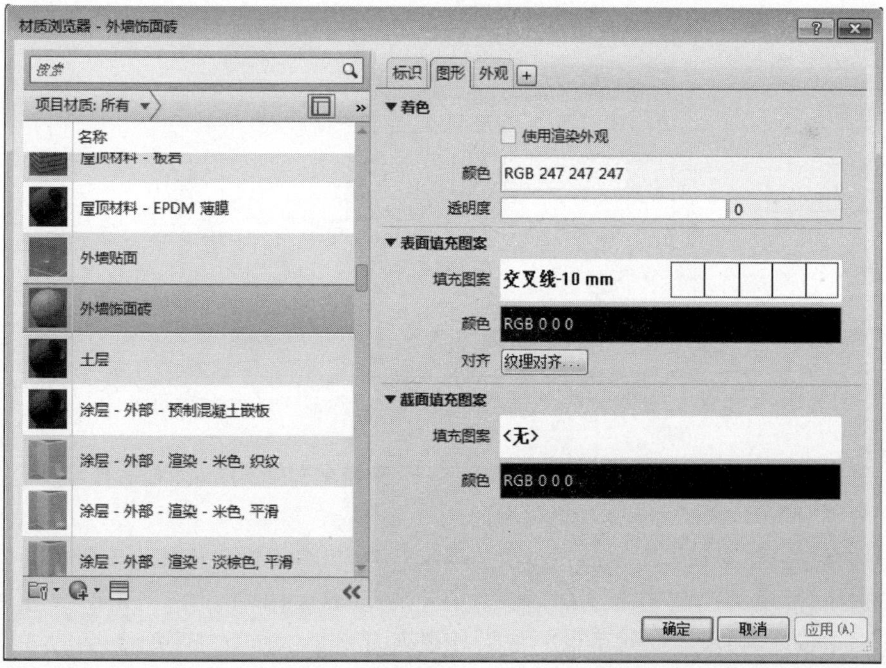

图 11 - 5

（4）在材质列表中选择上一步创建的材质"外墙饰面砖"，对话框右边将显示该材质的属性，单击"着色"下面灰色色卡图标，可打开"颜色"对话框，选择着色状态下的构件颜色，单击选择倒数第三个浅灰色 RGB 分别为"192、192、192"，单击"确定"按钮，如图 11 - 6 所示。

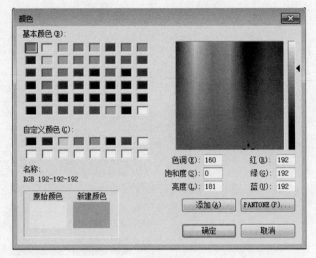

图 11-6

（5）单击材料属性的"表面填充图案"后的"浏览"按钮，弹出"填充样式"对话框，如图11-7所示。在下方"填充图案类型"选项卡中选择"模型"单选按钮，在"填充图案"样式列表中选择"砌块 225×450"，单击"确定"按钮回到"材质"对话框。

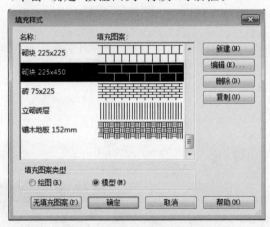

图 11-7

（6）单击"截面填充图案"后的"浏览"按钮，同样弹出"填充样式"对话框，单击左下角的"无填充图案"按钮，关闭"填充样式"对话框。

（7）选择"材质"对话框右侧的"外观"选项卡，切换为渲染设置，如图11-8所示。

（8）选择"外观属性集"选项卡，打开"渲染外观库"界面，如图11-9所示。"在创建属性集"搜索框中输入"砌块"，此时下面的渲染外观列表中显示所有"砌块"类别的渲染外观图片，缩小查找范围，选择"挡土墙砌块1"，单击"确定"按钮关闭对话框。

（9）在"材质"对话框中单击"确定"，完成材质"外墙饰面砖"的创建，保存文件。

在上面的的操作中我们设置了材质的名称、表面填充图案、截面填充图案和渲染外观。下面将给构件设置材质。

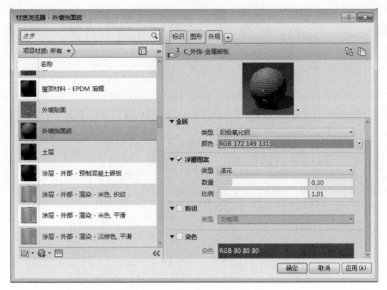

图 11 - 8

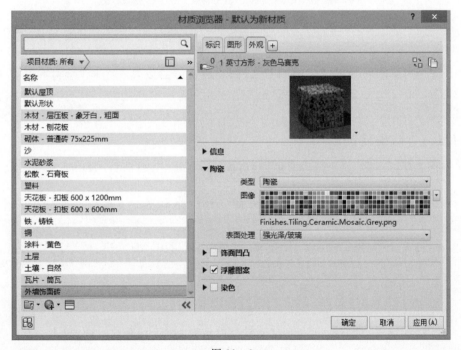

图 11 - 9

(10)选择模型中的一面外墙,如图 11 - 10 所示。

(11)在"属性"面板中单击"编辑类型"按钮,弹出"编辑类型"对话框。单击"结构"参数后的"编辑"按钮,弹出"编辑部件"对话框。

(12)选择"图层 1[4]"的材质"墙体-普通砖",再单击后面的矩形"浏览"按钮,弹出"材质"对话框。在"材质"下拉列表中找到上面创建的材质"外墙饰面砖"。因"材质"列表中的材质很多,无法快速找到所需材质,可在"输入搜索词"的位置输入关键字"外墙",即可快速

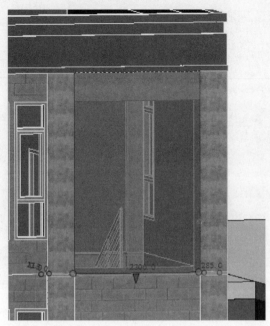

图 11 - 10

找到。

(13)单击"确定"按钮关闭所有的对话框,完成材质的设置。此时为选中的墙体设置了"外墙饰面砖"的材质。单击快速访问工具栏的"默认三维视图"按钮,打开三维视图查看效果。

11.1.3 渲染设置

单击视图控制栏的"显示渲染对话框"按钮,弹出"渲染"对话框,对话框中选项的功能如图 11 - 11 所示。

(1)在"渲染"对话框中"照明"选项区域的"方案"下拉列表框中选择"室外:仅日光"选项。

(2)在"日光"下拉列表框中选择"编辑/新建"选项,打开"日光设置"对话框,如图 11 - 12 所示。

(3)单击左下角的"复制"按钮,在弹出的"名称"对话框中输入"14:00",单击"确定"按钮。

(4)在"日光设置"对话框右边的设置栏下面选择地点、日期和时间,单击"地点"后面的按钮,弹出"位置、气候和场地"对话框,在"城市"下拉列表中选择"北京,中国",经度、纬度将自动调整为北京的信息,勾选"根据夏令时的变更自动调整时钟"复选框。单击"确定"按钮关闭对话框,回到"日光设置"对话框。

(5)单击"日期"后的下拉按钮,设置日期为"2016/8/28",单击时间的小时数值,输入"14",单击分数值输入"0",单击"确定"按钮返回"渲染"对话框。

(6)在"渲染"对话框中"质量"选项区域的"设置"下拉列表中选择"高"选项。

(7)设置完成后,单击"渲染"按钮,开始渲染,并弹出"渲染进度"对话框,显示渲染进度,如图 11 - 13 所示。

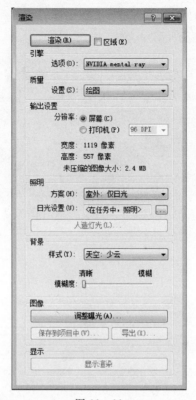

图 11 - 11

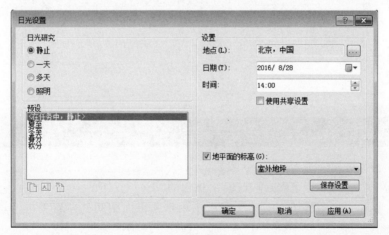

图 11 - 12

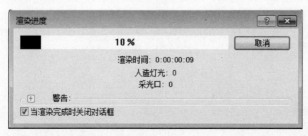

图 11 - 13

(8)勾选"渲染进度"对话框中"当渲染完成时关闭对话框"复选框,渲染后此工具条自动关闭,渲染结果如图 11-14 所示,图中为渲染前后对比,图 11-15 为其他渲染练习。

图 11-14

图 11-15

11.2　创建漫游

(1)在项目浏览器中进入 1F 平面视图。

(2)单击"确定"选项卡下"三维视图"面板中的"漫游"按钮。

(3)将光标移至绘图区域,在 1F 平面视图中别墅南面中间的位置单击,开始绘制路径,即漫游所要经过的路线。每单击一个点,即可创建一个关键帧,沿着别墅外围逐个单击放置关键帧,路径围绕别墅一周后,单击选项栏上的"完成"按钮或按 Esc 键完成漫游路径的绘制,如图 11-16 所示。

(4)完成路径后,项目浏览器中出现"漫游"项,可以看到我们刚刚创建的漫游名称是"漫游1",双击"漫游1"打开漫游视图。

(5)打开项目浏览器中的"楼层平面"项,双击"1F",打开一层平面视图,在功能区选择"窗口"的"平铺"命令,此时绘图区域同时显示平面图和漫游视图。

(6)单击漫游视图和视图控制栏上的"模型图形样式"图标,将显示模式替换为"着色",选择渲染视口边界,单击视口四边上的控制点,按住鼠标左键向外拖拽,放大视口,如图 11-17 所示。

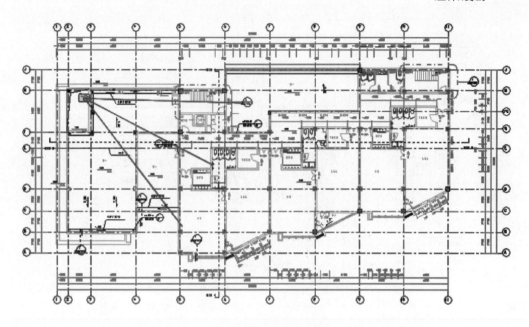

图 11-16

图 11-17

(7)选择漫游视口边界,单击选项栏上的"编辑漫游"按钮,在1F视图上单击,激活1F平面视图,此时选项栏的工具可以用来设置漫游,如图11-18所示。单击帧数"300",输入"1",按Enter键确认,从第一帧开始编辑漫游。选择"控制"→"活动相机"时,1F平面视图中的相机为可编辑状态,此时可以拖拽相机视点改变为相机方向,直至观察三维视图该帧的视点合适。在"控制"下拉列表框中选择"路径"选项即可编辑每帧的位置,在1F视图中关键帧变为可拖拽位置的蓝色控制点。

(8)第一个关键帧编辑完毕后,单击选项栏的下一关键帧按钮,借此工具可以逐帧编辑

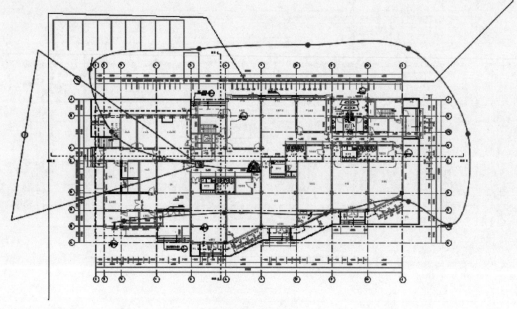

图 11-18

漫游,得到完美的漫游。

(9)如果关键帧过少,则可以在"控制"下拉列表框中选择"添加关键帧"选项,就可以在现有的两个帧之间直接添加新的关键帧;而"删除关键帧"则是删除度与关键帧的工具。

(10)编辑完成后单击选项栏上的"播放"按钮,播放刚刚完成的漫游。

(11)漫游创建完成后可选择"文件"→"导出"→"漫游"命令,弹出"长度/格式"对话框,如图 11-19 所示。

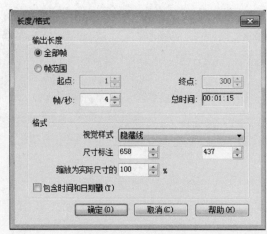

图 11-19

(12)其中"帧/秒"选项用来设置导出后的漫游速度为每秒多少帧,默认为 15 帧,播放速度会比较快,建议设置为 3 或 4 帧,速度将比较合适。单击"确定"按钮后弹出"导出漫游"对话框,输入文件名,并选择路径,单击"保存"按钮,弹出"视频压缩"对话框。在该对话框中默认为"全帧(非压缩的)",产生的文件会非常大,建议在下拉列表中选择压缩模式"Microsoft Video1",此模式为大部分系统可以读取的模式,同时可以减少文件的大小,单击"确定"按钮,将漫游文件导出为外部 AVI 文件。

第12章 明细表

明细表是 Revit 软件的重要组成部分。通过定制明细表,我们可以从所创建的 Revit 模型中获取项目应用中所需要的各类项目信息,应用表格的形式直观地表达。

12.1 创建实例和类型明细表

12.1.1 创建实例明细表

(1)单击"视图"选项卡下"创建"面板中的"明细表"下拉按钮,在弹出的下拉列表中选择"明细表/选择"命令,在弹出的"新建明细表"对话框中选择要统计的构件类别,例如窗。设置明细表名称,选择"建筑构件明细表"单选按钮,设置明细表应用阶段,单击"确定"按钮,如图 12-1 所求。

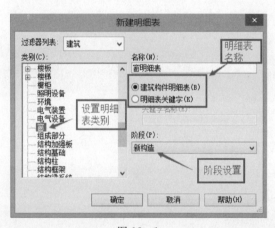

图 12-1

(2)"字段"选项卡:从"可用字段"列表框中选择要统计的字段,单击"添加"按钮移动到"明细表字段"列表框中,利用"上移""下移"按钮调整字段顺序,如图 12-2 所示。

(3)"过滤器"选项卡:设置过滤器可以统计其中部分构件,不设置则统计全部构件,如图 12-3 所示。

(4)"排序/成组"选项卡:设置排序方式,勾选"总计""逐项列举每个实例"复选框,如图 12-4 所示。

(5)"格式"选项卡:设置字段在表格中标题名称(字段和标题名称可以不同,如"类型"可修改为窗编号)、方向、对齐方式,需要时可勾选"计算总数"复选框,如图 12-5 所示。

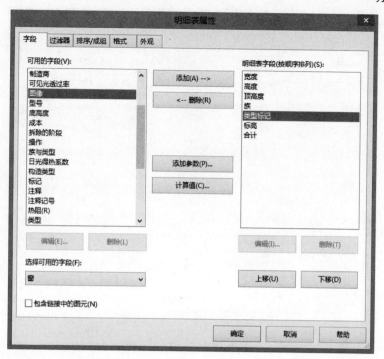

图 12 - 2

图 12 - 3

图 12 - 4

图 12 - 5

（6）"外观"选项卡：设置表格线宽、标题和正文文字字体与大小，单击"确定"按钮，如图12-6所示。

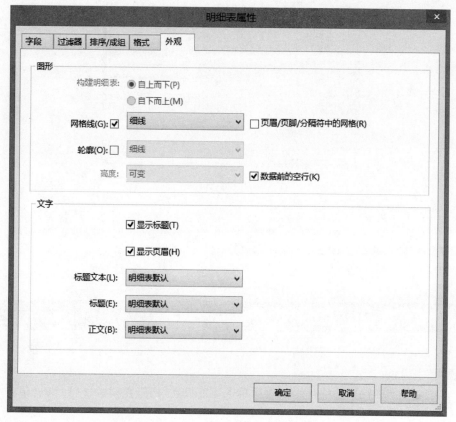

图 12-6

12.1.2 创建类型明细表

在实例明细表视图左侧"视图属性"面板中单击"排序/成组"对应的"编辑"按钮，在"排序/成组"选项卡中取消勾选"逐项列举每个实例"复选框，注意，"排序方式"选择构件类型，确定后自动生成类型明细表。

12.1.3 创建关键字明细表

（1）在功能区"视图"选型卡"创建"面板中的"明细表"下拉列表中选择"明细表/数量"选项，选择要统计的构件类别，如房间。设置明细表名称，选择"明细表关键字"单选按钮，输入关键字名称，单击"确定"按钮，如图12-7所示。

（2）按"创建实例明细表"中的步骤设置明细表字段、排序/成组、格式、外观等属性。

（3）在功能区，单击"行"面板中的"新建"按钮向明细表中添加新行，创建新关键字，并填写每个关键字的相应信息，如图12-8所示。

（4）将关键字应用到图元中：在图形视图中选择含有预定义关键字的图元。

（5）将关键字应用到明细表：按上述步骤新建明细表，选择字段时添加关键字名称字段，如"房间样式"，设置表格属性，单击"确定"按钮。

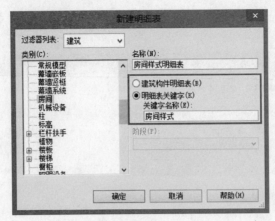

图 12-7

图 12-8

12.2　生成统一格式部件代码和说明明细表

（1）按 12.1 节所述步骤新建构件明细表，如墙明细表。选择字段是添加"部件代码"和"部件说明"字段，设置表格属性。

（2）单击表中某行的"部件代码"，然后单击矩形按钮，选择需要的部件代码，单击"确定"按钮。

（3）在明细表中单击，将弹出一个对话框，单击"确定"按钮将修改应用到所选类型的全部图元中，生成统一格式部件和说明明细表，如图 12-9 所示。

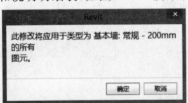

图 12-9

12.3　创建共享参数明细表

使用共享参数可以将自定义参数添加到族构件中进行统计。

12.3.1　创建共享参数文件

（1）单击"管理"选项卡下"设置"面板中的"共享参数"按钮，弹出"编辑共享参数"对话框，如图 12-10 所示。单击"创建"按钮在弹出的对话框中设置共享参数文件的保存路径和名称，单击"确定"按钮，如图 12-11 所示。

（2）单击"组"选项区域的"新建"按钮，在弹出的对话框中输入组名创建参数组；单击"参

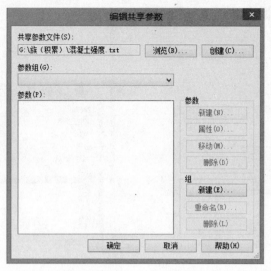

图 12 – 10

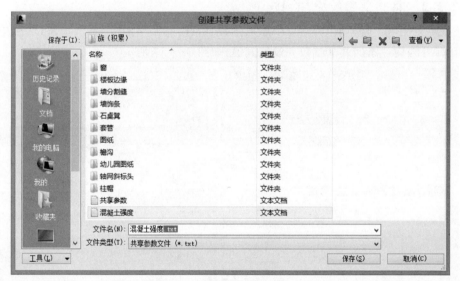

图 12 – 11

数"选项区域的"新建"按钮,在弹出的对话框中设置参数的名称、类型,给参数组添加参数。确定创建共享参数文件,如图 12 – 12 所示。

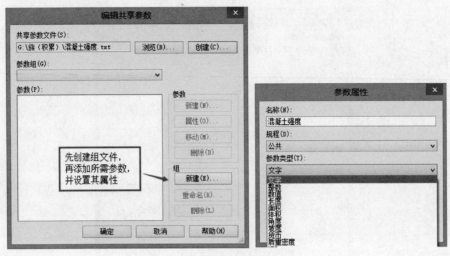

图 12-12

12.3.2 将共享参数添加到族中

新建族文件,在"族类型"对话框中添加参数时,选择"共享参数"单选按钮,然后单击"选择"按钮即可为构件添加共享参数并设置其值,如图 12-13 所示。

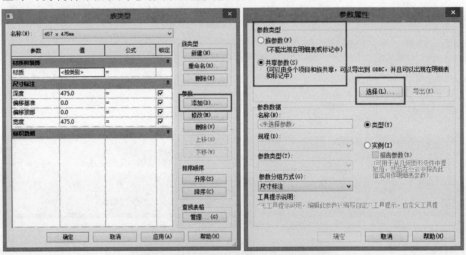

图 12-13

12.3.3 创建多类别明细表

(1)在"视图"选项卡下单击"创建"面板中的"明细表"下拉按钮,在弹出的下拉列表中选择"明细表/数量"选项,在弹出的"新建明细表"对话框的列表中选择"多类别",单击"确定"按钮。

(2)在"字段"选项卡中选择要统计的字段及共享参数字段,单击"添加"按钮移动到"明细表字段"列表中,也可单击"添加参数"按钮选择共享参数。

(3)设置过滤器、排序/成组、格式、外观等属性,确定创建多类别明细表。

12.4 在明细表中使用公式

在明细表中可以通过给现有字段应用计算公式来求得需要的值,例如,可以根据每一种墙类型的总面积创建项目中所有墙的总成本的墙明细表。

(1)按12.1节所述步骤新建构件类型明细表,如墙类型明细表,选择统计字段:合计、族与类型、成本、面积,设置其他表格属性。

(2)在"成本"一列的表格中输入不同类型墙的单价。在属性面板中单击"字段参数"后的"编辑"按钮,打开表格属性对话框的"字段"选项卡。

(3)单击"计算值"按钮,弹出"计算值"对话框,输入名称(如总成本)、计算公式(如"成本 * 面积/(1000.0)"),选择字段类型(如面积),单击"确定"按钮。

(4)明细表中会添加一列"总成本",其值自动计算,如图12-14所示。

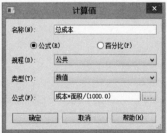

图 12-14

12.5 导出明细表

(1)打开要导出的明细表,在应用程序菜单中选择"导出"→"报告"→"明细表"命令,在

"导出"对话框中指定明细表的名称和路径,单击"保存"按钮将该文件保存为分隔符文本。

(2)在"导出明细表"对话框中设置明细表外观和输出选项,单击"确定"按钮,完成导出,如图 12－15 所示。

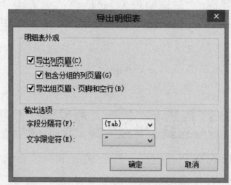

图 12－15

(3)启动 Microsoft Excel 或其他电子表格程序,打开导出的明细表,即可进行任意编辑修改。

第13章　成果输出

13.1　创建图纸与设置项目信息

13.1.1　创建图纸

（1）单击"视图"选项卡中"图纸组合"面板上的"图纸"按钮，如图13-1所示。

图13-1

（2）在"新建图纸"对话框中，从列表中选择一个标题栏，如图13-2所示。若列表中没有所需标题栏可单击"载入"从"Library"中选择所需图纸。

图13-2

（3）创建图纸视图后，在项目浏览器中自动增加了"A101-未命名"，如图13-3所示。

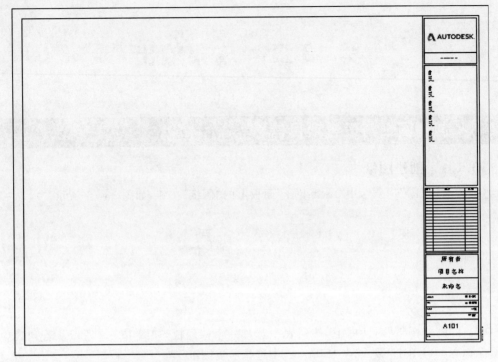

图 13-3

13.1.2 设置项目信息

(1)单击"管理"选项卡下"设置"面板中的"项目信息",如图 13-4 所示。

图 13-4

(2)在"项目属性"对话框中输入相关内容,如图 13-5 所示。输入完成后,单击"确认"按钮。

(3)在"属性"对话框中可以修改图纸名称、绘图员等,如图 13-6 所示。

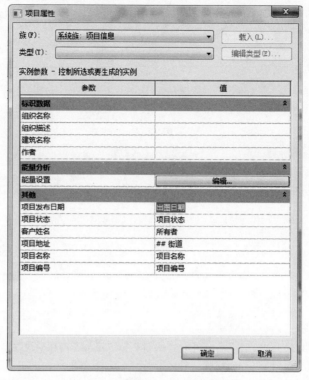

图 13-5

图 13-6

13.2 图例视图制作

1.创建图例视图

单击"视图"选项卡下"创建"面板中的"图例"下拉菜单中的"图例",如图 13-7 所示。
弹出"新图例视图"对话框后,单击"确定"完成图例视图的创建,如图 13-8 所示。

图 13-7

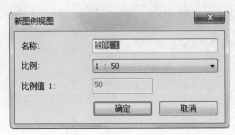

图 13-8

2.选取图例构件

单击"注释"选项卡下"详图"面板中的"构件"下拉菜单,再单击"图例构件",根据需要设置选项栏,设置完成后放置构件,如图 13-9 所示。

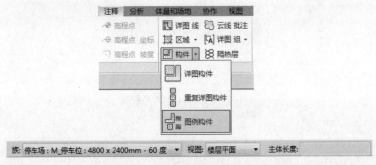

图 13-9

13.3 布置视图

1.定义图纸编号和名称

按 13.1.1 创建完图纸后,在项目浏览器中打开图纸选项对新建的图纸进行重命名。单击鼠标右键中的"重命名"选项,在弹出的"图纸标题"对话框中进行图纸的重命名,如图 13-10所示。

图 13-10

2.放置视图

在项目浏览器中按住鼠标左键将所需视图平面拖到图纸视图中。

3.添加图名

在项目浏览器中展开"图纸"选项,在图纸"J0-1-未命名"上单击右键,在弹出的对话框中选择重命名,输入合适的编号和名称。

4.改变视图比例

在图纸中选择相应的视图并单击"修改|视口"选项卡"视口"面板上的"视图激活"按钮,如图 13-11 所示。然后点击绘图区域左下方的视图控制栏比例,在弹出的对话框中选择适当的比例。选择比例完成后,单击鼠标右键选择"取消激活视图"命令。

图 13-11

13.4 打印

(1)创建图纸后,单击"应用程序菜单",选择"打印"右拉菜单中的"打印"按钮,如图 13-12所示。弹出打印对话框,如图 13-13 所示。

图 13-12

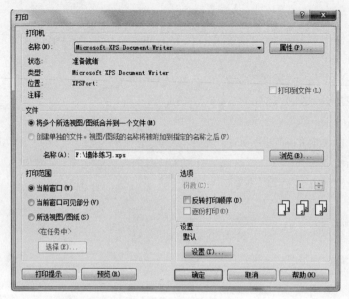

图 13-13

(2)在"名称"下拉菜单中选择可用的打印机名称。

(3)单击"名称"后的"属性"按钮,弹出"文档属性"对话框,如图 13-14 所示。选择方向为"横向"并单击"高级"按钮,弹出"高级选项"对话框,如图 13-15 所示。

(4)在纸张规格下拉列表中选择要用的纸张规格。选择完成后单击"确定",返回"文档属性"对话框,再单击"确定"返回"打印"对话框。

(5)确定打印范围。若要打印所选视图和图纸,则单击"选择",然后选择要打印的视图和图纸,单击"确定"。

(6)准备完成后单击"打印"对话框中的"确定",完成打印。

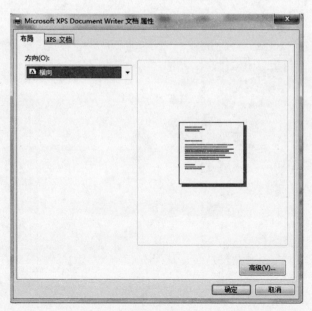

图 13-14

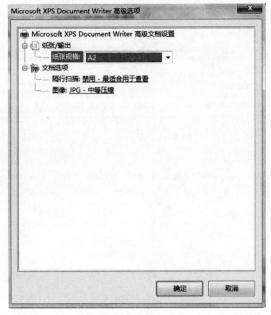

图 13 - 15

13.5　导出 DWG 和导出设置

(1)打开要导出的视图,在"应用程序菜单"中选择"导出"中的"CAD 格式"再选择"DWG"并单击。弹出如图 13 - 16 所示的"DWG"对话框。

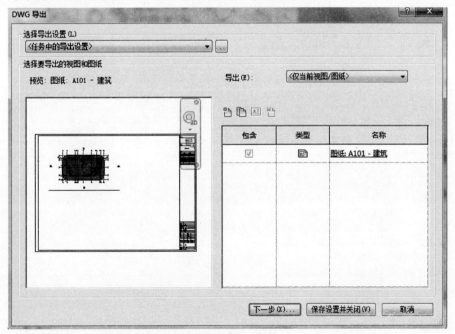

图 13 - 16

(2)单击"选择导出设置"弹出如图 13-17 所示的对话框。在对话框中进行相关修改，修改完成后单击"确定"。

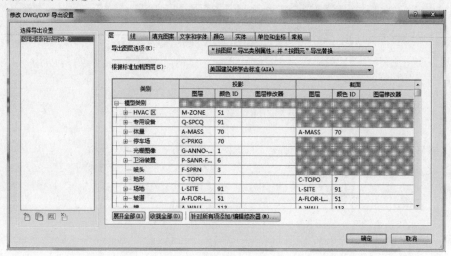

图 13-17

(3)选择导出的视图和图纸。若已经准备好要导出，则单击"下一步"，否则单击"保存设置并关闭"。

(4)单击"下一步"后，选择相应的保存路径、CAD 格式文件的版本，输入相应的文件名称。

(5)单击确定完成 DWG 文件导出设置。

第14章 协同工作

工作共享是一种设计方法,此方法允许多名团队成员同时处理同一个项目模型。

在许多项目中,会为团队成员分配一个让其负责的特定功能领域。

可以将 Revit 项目细分为工作集以适应这样的环境。您可以启用工作共享创建一个中心模型,以便团队成员可以对中心模型的本地副本同时进行设计更改。

14.1 工作共享

14.1.1 创建和编辑 Revit Architecture 中心文件

1. 创建中心文件(启用工作共享)

(1)单击功能区"协作"选项卡下"管理协作"面板中的"工作集"按钮(如图 14-1 所示),或者单击状态栏中"工作集"按钮(如图 14-2 所示),弹出"工作共享"对话框,如图 14-3 所示,显示默认的用户创建的工作集("共享标高和轴网"和"工作集 1")。如果需要,可以重命名工作集。单击"确定"后,将显示"工作集"对话框,如图 14-4 所示。

图 14-1

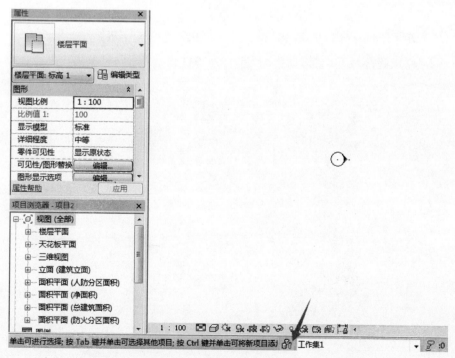

图 14-2

119

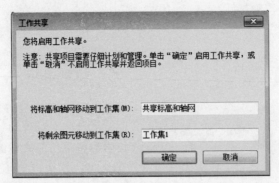

图 14 - 3

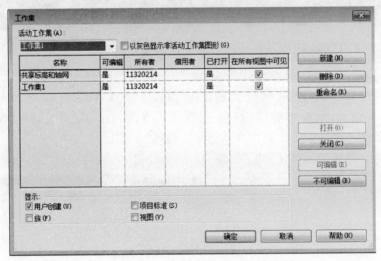

图 14 - 4

(2)在"工作集"对话框中,单击"确定"。先不创建任何新工作集。

(3)单击"应用程序菜单"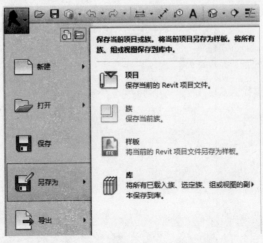按钮→"另存为"→"项目",打开"另存为"对话框,如图14 - 5所示。

图 14 - 5

(4)在"另存为"对话框中,指定中心文件的文件名和目录位置,把该文件保存在各专业设计人员都能读写的服务器上,如图 14-6 所示。单击"选项"按钮,打开"文件保存选项"对话框,勾选"保存后将此作为中心模型"。

注意:如果是启用工作共享后首次进行保存,则此选项在默认情况下是勾选的,并且无法修改。

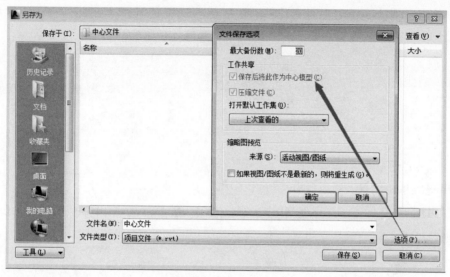

图 14-6

(5)在"文件保存选项"对话框中,设置在本地打开中心文件的时候对应的工作集默认设置。如图 14-7 所示,在"打开默认工作集"列表中,选择下列内容之一:

①全部:打开中心文件中的所有工作集。

②可编辑:打开所有可编辑的工作集。

③上次查看的:根据上一个 Revit Architecture 任务中的状态打开工作集。仅打开上次任务中打开的工作集。如果是首次打开该文件,则将打开所有工作集。

④指定:打开指定的工作集。

图 14-7

(6)单击"确定"。在"另存为"对话框中,单击"保存"。现在该文件就是项目的中心文件了。

Revit Architecture 在指定的目录中创建文件,同时也为该文件创建了一个备份文件,如图 14-8 所示。每次用户保存到中心,或保存各自的中心文件本地副本时,都创建备份文件。备份文件包含中心文件的备份信息和编辑权限信息。

注意:不要删除或重命名此文件中的任何文件。如果要移动或复制项目文件,应确保中心文件的备份文件夹也随着项目文件移动或复制。如果重命名项目文件,应相应重命名备份文件。"Revit_temp"文件夹包含有关操作的进度信息。

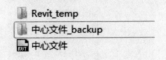

图 14-8

2.编辑中心文件

启用共享并保存为中心文件后,要再次编辑中心文件,可直接在中心文件所在文件夹双击该文件,打开中心文件。如果使用"应用程序菜单" 按钮→"打开"→"项目"打开服务器上的中心文件,则应取消勾选"新建本地文件"选项,如图 14-9 所示。

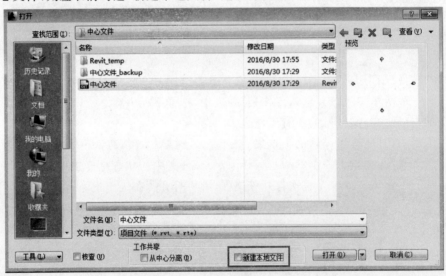

图 14-9

另外,保存中心文件的方法和保存一般文件的方法不同。"保存"命令不可用,如图 14-10 所示。有两种方法保存中心文件:一是关闭当前文件,在弹出的"保存文件"对话框中选择"是"以保存中心文件;二是使用"另存为",在"文件保存选项"中,选择"保存后将此作为中心模型"选项,如图 14-11 所示。

图 14-10

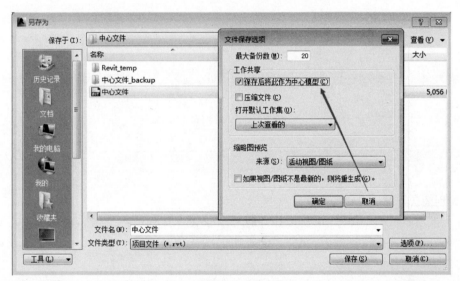

图 14-11

3.设置工作集

工作集是指图元的集合。在给定时间内,当一个用户在成为某工作集的所有者时,其他工作组成员仅可查看该工作集和向工作集中添加新图元,如果要修改该工作集中的图元,需向该工作集所有者借用图元。这一限制避免了项目中可能产生的设计冲突。在启用工作共享时,可将一个项目分成多个工作集,不同的工作组成员负责各自所有的工作集。

(1)默认工作集。

启用工作共享后,将创建几个默认的工作集,可通过勾选"工作集"对话框下方的"显示"选项控制工作集在名称列表中的显示,如图 14-12 所示。有四个"显示"选项:

①用户创建:启动工作共享时,默认创建两个"用户创建"的工作集。一是"共享标高和轴网",它包含所有现有标高、轴网和参照平面,可以重命名该工作集。二是"工作集1",它包

123

Revit 2016/2017应用指南

含项目中所有现有的模型图元。创建工作集时,可将"工作集 1"中的图元重新指定给相应的工作集。可以对该工作集进行重命名,但不可将其删除。

②项目标准:包含为项目定义的所有项目范围内的设置。不能重命名或删除该工作集。

③族:项目中载入的每个族都被指定给每个工作集。不可重命名或删除该工作集。

④视图:包含所有项目视图工作集。视图工作集包含视图属性和任何视图专有的图元,例如注释、尺寸标注或文字注释。如果向某个视图添加视图专有图元,这些图元将自动添加到相应的视图工作集中。不能使某个视图工作集成为活动工作集,但是可以修改它的可编辑状态,这样就可修改视图专有图元。

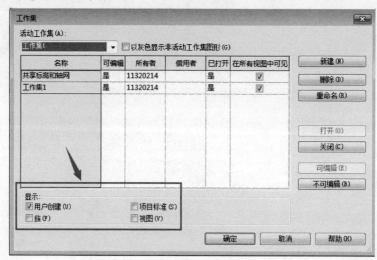

图 14-12

(2)创建工作集。

除了以上默认的工作集,在项目开始时和项目设计过程中都可以新建一些工作集。对工作集的设置要考虑项目大小,通常一起编辑的图元应处于一个工作集中。工作集还应根据工作组成员的任务来区分。

单击功能区中"协作"→"工作集",或单击状态栏中"工作集"按钮,打开"工作集"对话框。单击右侧"新建"按钮输入工作集名称,单击"确定"。然后对该工作集进行设置,对话框中部分选项的意义如下:

①活动工作集:表示要向其中添加新图元的工作集。用户在当前活动工作集中添加的图元即成为该工作集所属图元。活动工作集是一个可由当前用户编辑的工作集或者是其他小组成员所拥有的工作集。用户可向不属于自己的工作集添加图元。该活动工作集名称还显示在"协作"选项卡的"工作集"面板上(见图 14-13)以及状态栏上(见图 14-14)。

图 14-13

124

图 14 - 14

②以灰色显示非活动工作集图形：将绘图区域中不属于活动工作集的所有图元以灰色显示。这对打印没有任何影响。

③名称：指示工作集的名称。可以重命名所有用户创建的工作集。

④可编辑：当可编辑状态为"是"的时候，用户占有这个工作集，具有对它作任意修改的权限。当"可编辑"状态改成"否"以后，用户就不能修改当前项目文件上的这个工作集。要注意的是，与中心文件同步前，不能修改可编辑状态。

⑤所有者：当"可编辑"栏为"是"时，在所有栏内就显示占有此工作集的用户名。当"可编辑"栏改成"否"时，"所有者"这栏显示空白，表明工作集未被任何用户占用。"所有者"的值是"选项"对话框的"常规"选项卡中所列的用户名。

⑥借用者：显示从当前工作集借用图元的用户名。

⑦已打开：指示工作集是处于打开状态(是)还是处于关闭状态(否)。打开的工作集中的图元在项目中可见，关闭的工作集中图元不可见。该操作将同步到中心文件。

⑧在所有视图中可见：指示工作集是否显示在模型的所有视图中。勾选该选项，则打开工作集在所有视图中可见，取消勾选则不可见，该操作将同步到中心文件。

完成创建工作集后，单击"确定"关闭"工作集"对话框。

14.1.2 创建和编辑 Revit Architecture 本地文件

1.创建本地文件

创建中心文件后，各专业的设计人员可在服务器上打开中心文件并另存到自己本地硬盘上，然后在创建的本地文件上工作。有以下两种方法创建本地文件：

(1)从"打开"对话框中创建本地文件。

单击"应用程序菜单"按钮→"打开"→"项目"，定位到服务器上的中心文件，勾选"新建本地文件"，单击"打开"，如图 14 - 15 所示。

注意：单击"打开"前可通过单击旁边的下拉按钮，选择需要打开的工作集。该下拉列表的选项和"14.1.1 创建和编辑中心文件"提到的"文件保存选项"对话框中的"打开默认工作集"列表的选项相同。

软件会自动把本地文件保存到"C:\Users\用户名\Documents"里。用户也可以单击"应用程序菜单"按钮→"选项"，在"文件位置"选项卡中修改"用户文件默认路径"，自定义文件的保存位置。

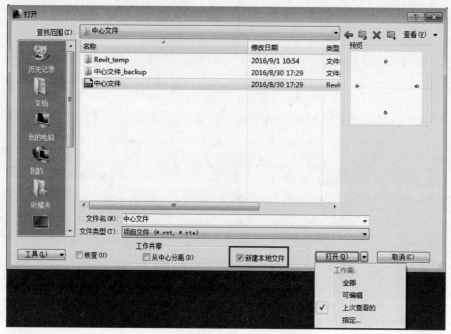

图 14－15

（2）使用"打开中心文件"创建本地文件。

打开服务器上的中心文件后，单机"应用程序菜单"按钮→"另存为"对话框中定位到本地网络或硬盘驱动器上所需的位置。输入文件的名称，然后单击"保存"。

2.编辑本地文件

在本地文件中，可以编辑单个图元，也可以编辑工作集。要编辑某个图元或工作集，需确保它们与中心文件同步更新到最新。如果试图编辑不是最新的图元或工作集，则将提示重新载入最新工作集。在对图元所属的工作集不具备所有权的情况下，要编辑该图元，需向所有者借用图元。借用过程是自动的，除非其他用户正在编辑该图元或正在编辑该图元所属的工作集。如果发生这种情况，可提交借用图元的请求。请求被批准后，就可以编辑该图元。

（1）使用工作集。

在编辑本地文件时，需要指定一个活动工作集。在"协作"选项卡的"工作集"面板上以及状态栏上，从"活动工作集"下拉列表中选择工作集。添加到项目中的图元都将包含在当前选择的活动工作集中。下面介绍工作集的一些基本操作：

①打开工作集。

打开本地文件时，可以选择要打开的工作集。

首次打开本地文件时，从"打开"对话框中打开工作集。单击"应用程序菜单"　按钮→"打开"→"项目"，定位到本地文件，如图 14－16 所示，单击"打开"旁边的下拉按钮，选择需要打开的工作集，再单击"打开"。

打开本地文件后，单击功能区"协作"→"工作集"，或单击状态栏中"工作集"按钮，打开"工作集"对话框，如图 14－17 所示，选择工作集，在"已打开"下单击"是"，或单击右侧的"打开"按钮。单击"确定"关闭对话框。

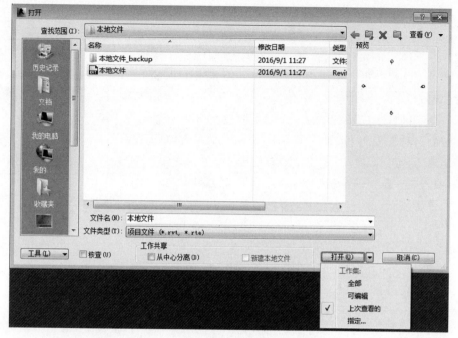

图 14-16

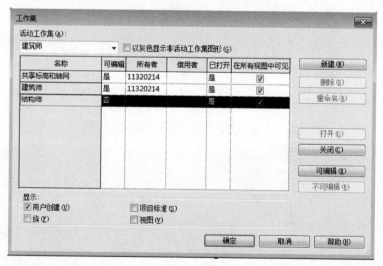

图 14-17

关闭的工作集在项目中不可见,这样可以提高性能和操作速度。

②使工作集可编辑。

工作组成员在本地文件中可以先根据设计任务占用一些工作集,使其他工作组成员不能对自己所属工作集中的图元进行直接修改。占用工作集即"使工作集在本地文件中可编辑",操作方法如下:

a.在如图 14-17 所示"工作集"对话框中,选择工作集,在"可编辑"下单击"是",或者单击右侧的"可编辑"按钮。单击"确定"关闭对话框。

b.单击绘图区域中的某图元,右击鼠标,单击快捷菜单中"使工作集可编辑",使该图元所在工作集可编辑。

(2)向工作集中添加图元。

选择一个活动工作集后,向绘图区域中添加图元。添加的图元即成为该工作集。注意也可以选择一个不可编辑的工作集添加图元。

单击绘图区域中的图元,在"属性"对话框中可以查看所属工作集的名称和编辑者,如图14-18所示。如果要将图元重新指定给其他工作集,单击"属性"对话框中的"工作集"参数,在其值列表中选择一个新工作集,然后单击"应用"。

3.保存修改

(1)单击"应用程序菜单"按钮,在弹出的下拉菜单中选择"文件"→"保存"命令,或直接单击保存按钮到本地硬盘。

图 14-18

(2)要与中心文件同步,可在"协作"选项卡下"同步"面板中的"与中心文件同步"下拉列表中选择"立即同步"选项。

(3)如果要在与中心文件同步之前修改"与中心文件同步"设置,可在"协作"选项卡下"同步"面板中的"与中心文件同步"下拉列表中选择(同步并修改设置)命令。此时将弹出"与中心文件同步"对话框,如图14-19所示。

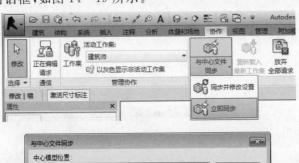

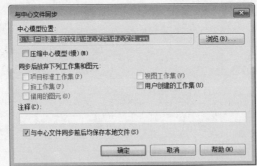

图 14-19

14.2 链接文件

1.文件的导入

单击"插入"选项卡下"链接"面板中的"链接 Revit"按钮,选择需要连接的 RVT 文件,在"导入/链接 Revit"对话框中有关于"定位"的如下选项:

（1）选择"自动-中心到中心"时会按照在当前试图中链接文件的中心与当前文件的中心对齐，如图14-20所示。

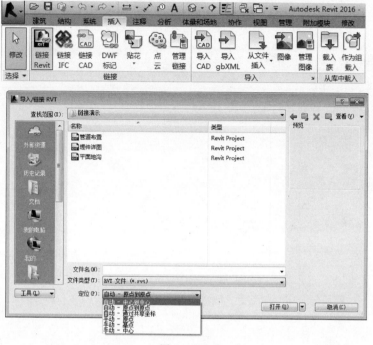

图14-20

（2）选择"自动-原点到原点"时会按照在当前试图中链接文件的原点与当前文件的原点对齐。

（3）选择"自动-通过共享坐标"时，如果链接文件与当前文件没有进行坐标共享的设置，该选项会无效，系统会以"中心到中心"的方式来自动放置链接文件。

2.管理链接

当导入了链接文件之后，可以单击"管理"选项卡下"管理项目"面板中的"管理链接"按钮，弹出"管理链接"对话框，并选择"Revit"选项卡进行设置，如图14-21所示。在管理链接可见性设置中分别可以按照主体模型控制链接模型的可见性，可以将视图过滤器应用于主体模型的链接模型，可以标记链接文件中的图元，但是房间、空间和面积除外，可以从链接模型中的墙自动生成天花板网络。

（1）"参照类型"的设置，在该栏下的下拉选项中有"覆盖"和"附着"两个选项，如图14-22所示。

（2）选择"覆盖"不载入嵌套链接模型（因此项目中不显示这些模型）；选择"附着"则显示嵌套链接模型。

（3）当链接文件被载入后，单击"管理"选项卡下"管理项目"面板中的"管理链接"按钮，在弹出的"管理链接"对话框中选择"Revit"选项卡会发现载入的链接文件存在，选择载入的文件时会在窗口下方出现以下命令（如图14-23所示）：

①"重新载入来自"：用来对选定的链接文件进行重新选择来替换当前链接的文件。

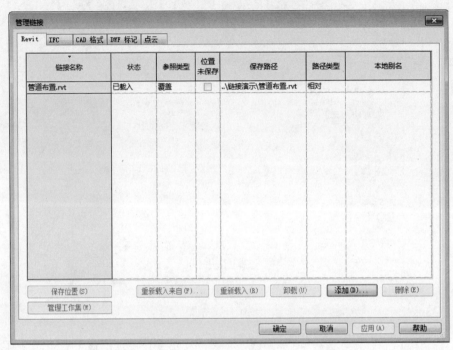

图 14 – 21

图 14 – 22

②"重新载入"：用来重新从当前文件位置载入选中的链接文件以重现链接卸载了的文件。

③"卸载"：用来删除所有链接文件在当前项目文件中的实例，但保存其位置信息。

④"删除"：在删除了链接文件在当前项目文件中实例的同时，也从"链接管理"对话框的文件列表中删除选中的文件。

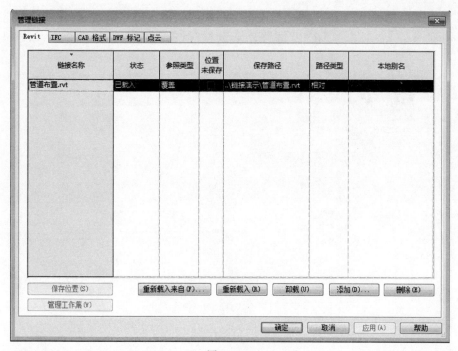

图 14-23

⑤管理工作集:用在链接模型中打开和关闭工作集。

3.绑定

在视图中选中链接文件的实例,并单击"链接"面板中出现的"绑定链接"按钮,可以将链接文件中的对象以"组"的形式放置到当前的项目文件中。

在绑定时会出现"绑定链接选项"对话框,供用户选择需要绑定的除模型元素之外的元素,如图 14-24 所示。

图 14-24

4.修改各视图显示

在导入链接文件的绘图区域单击鼠标右键,在弹出的快捷菜单中选择"属性"命令,在弹出的"属性"对话框中单击"可见性/图形替换"后的"编辑"按钮,在弹出的"可见性/图形替换"对话框中选择"Revit 链接"选项卡,选择要修改的链接模型或链接模型实例,单击"显示设置"列中的按钮,在弹出的"RVT 链接显示设置"对话框中进行相应设置,如图 14 – 25所示。

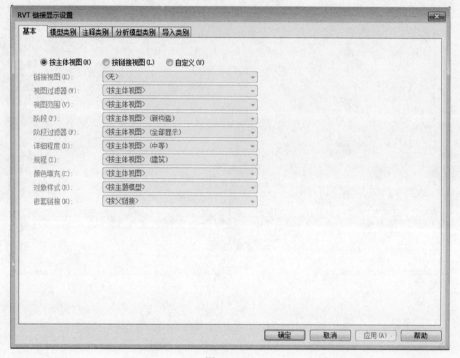

图 14 – 25

(1)"按主体视图":选择此单选按钮后,嵌套链接管理模型会使用在主体视图中指定的可见性和图形替换设置。

(2)"按链接视图":选择此单选按钮后,嵌套链接管理模型会使用在父链接模型中指定的可见性和图形替换设置。用户也可以选择为链接模型显示的项目视图。

(3)"自定义":从"嵌套链接"列表中选择下列选项。

①"按父链接":父链接的设置控制嵌套链接。例如,如果父链接中的墙显示为蓝色,则嵌套链接中的墙也会显示为蓝色。

②选择"模型类别"选项卡,在"模型类别"后选择"自定义"即可激活视图中的模型类别,此时可以控制链接模型在主模型中的显示情况,关闭或打开链接文件中的模型。同理,"注释类别"与"导入类别"也可按如上方法进行处理显示,如图 14 – 26 所示。

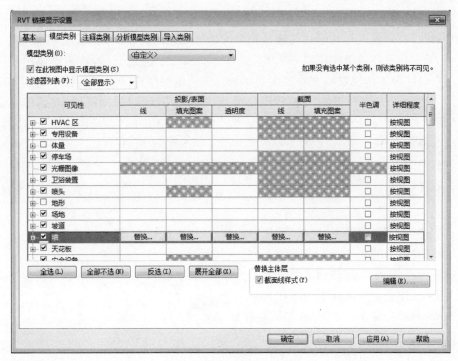

图 14 - 26

5. 使用项目中的点云文件

当放置或编辑模型文件时,将点云文件链接到项目可提供参考。

在涉及现有建筑项目中,需要捕获某一栋建筑的现有情况,这通常是一个重要的项目任务。可使用激光扫描仪对现有物理物体(如建筑)表面进行点采样,然后将该数据作为点云保存。此特定激光扫描仪生成的数据量通常很大(几亿个到几十亿个点),因此,Revit 模型将点云作为参照链接,而不是嵌入文件。为提高效率和改进性能,在任何给定时间内,Revit 仅使用点云的有限子集进行显示和选择。可以连接多个点云,可以创建每个链接的多个实例。

(1)点云:

①行为通常与 Revit 内的模型对象类似。

②显示在各种建模视图(例如三维视图、平面视图和剖面视图)中。

③可以选择、移动、旋转、复制、删除、镜像等。

④按平面、剖面和剖面框剪切,使用户可以轻松地隔离云的剖面。

(2)控制可见性:在"可见性/图形替换"对话框的"导入类别"选项卡上,以及每个图元为基础控制点云的可见性,可以打开或关闭点云的可见性,但无法更改图形设置,例如线、填充图案或半色调。

(3)创建几何图形:捕捉功能简化了基于点云数据的模型创建。Revit 中的几何图形创建或修改工具(如墙、线、网格、旋转、移动等),可以捕捉到在点云中动态监测到的隐含平面表面。Revit 仅检测垂直于当前工作平面(在平面视图、剖面视图或三维视图中)的平面并仅位于光标附近。但是,在检测到工作后,该工作平面便用做全局参照,直到视图放大或缩小为止。

(4)管理链接的点云:"管理链接"对话框包含"点云"选项卡,该选项卡列出所有点云链接(类型)的状态,并提供与其他种类链接相似的标准"重新载入/卸载/删除"功能。

(5)在工作共享环境中使用点云:为了提高性能和降低网络流量,对需要使用相同点云文件的用户的建议工作流是将文本复制到本地。只要每位用户的点云文件本地副本的相对路径相同,则当与"中心"同步时链接将保持有效。相对路径在"管理链接"对话框中显示为"保存路径",并与在"选项"对话框的"文件位置"选项卡上指定的"点云根路径"相对。

6.插入点云文件

将带索引的点云文件插入到 Revit 项目中,或者将原始格式的点云文件转换为.pcg 索引格式。

(1)打开 Revit 项目。

(2)单击"插入"选项卡下"链接"面板中的（点云)按钮。

(3)指定要链接的文件,如下所述:

①对于"查找范围",定位到文件位置。

②对于"文件类型",选择下列选项之一:

a. Autodesk 带索引的点云:拾取扩展名为.pcg 的文件。

b.原始格式:拾取扩展名为.fls、.fws、.las、.ptg、.pts、.xyb 或.xyz 的文件已自动索引应用程序,该程序会将原始文件转换为.pcg 格式。

c.所有文件:拾取任意扩展名的文件。

③对于"文件名",选择文件或指定文件的名称。

(4)对于"定位",选择下列选项:

①自动-中心到中心:Revit 将点云的中心放置在模型中心。模型的中心是通过查找模型周围的边界框的中心来计算的。如果模型的大部分都不可见,则在当前视图中可能看不到此中心点。要使中心点在当前视图中可见,可将缩放设置为"缩放匹配",这会将视图居中放置在 Revit 模型上。

②自动-原点到原点:Revit 会将点云的世界原点放置在 Revit 项目的内部原点处。如果所绘制的点云距原点较远,则它可能会显示在距模型较远的位置。要对此进行测试,可将缩放设置为"缩放匹配"。

③自动-原点到最后放置:Revit 将以一致的方式放置前后分别导入的点云。选择此选项可帮助对齐在同一场地创建且坐标一致的多个点云。

(5)单击"打开"按钮。对于.pcg 格式的文件,Revit 会检索当前版本的点云文件,并将文件链接到项目。

(6)对于原始格式的文件,可执行以下操作:

①单击"是"按钮,使 Revit 创建索引(.pcg)文件。

②索引建立过程完成时,单击"关闭"按钮。

③再次使用点云工具插入新的索引文件。

除了绘图视图和明细表视图,云在所有视图中都可见。